古香古色的布艺花饰制作

〔日〕川端小夜子 著 陈亚敏 译

河南科学技术出版社
·郑州·

前言

每天欣赏和古董、图书、食器等搭配的干花装饰品，不由得萌生一种想法：用布艺制作干花效果会如何呢?

美丽的鲜花盛开时，生机勃勃，美极了。但是枯萎的花却给人一种淡淡的忧伤，与释放暖意的鲜花相比也透露着一种别样的美。

布艺干花部件的制作要从了解真花开始，从其鲜花状态到枯萎状态，仔细观察。在切花当中，以比较难入手的玫瑰为首，尽可能多地栽培各种各样的花。因为我本人曾从事过服装制作工作，明白只有从基础做起，才能灵活应用。把花从枯萎到完全成为干花状态的整个过程画下来，捕捉住你认为最美的状态，使其成型。一旦成为干花，可能会出现意料之外的色彩变化、缩水等。追求颜色、形状逼真的同时，完工时的审美也非常重要，需要制作成具有布艺干花感觉的样子。

完工的布艺干花可以直接用于装饰，也可以用于胸饰、耳饰等小物件的装饰。雅致的色调以及自然的形状，使平淡的日常变得多姿多彩。

目录

Rose Édouard Manet

爱杜尔·马奈月季

制作方法 >>> *p.38、49*

这是一种法国月季，由淡黄色与粉红色结合而成，非常美丽。成为干花时，保留了可爱的模样，直接变成雅致的色调。颜色结合部分用细笔进行手描。看起来有点复杂，多多少少变形的线反而显得很个性，而且这是用细笔手描最不容易失败的作品。

钩针花边月季

制作方法 >>> p.52

从钩针花边而来的花名，盛开如玫瑰花形的一种月季。鲜花给人非常可爱、浪漫的感觉，干花给人沉稳的感觉。中心是粉红色，四周有几片绿色花瓣。由于花瓣数量多，重叠到一起，虽然是小朵的花，但却是非常有厚重感的一款月季作品。

Rose Crochet

Rose Black Baccara

黑巴克月季

制作方法 >>> *p.50*

常被称作"黑玫瑰"品种中一种红到发黑的月季。朝向花瓣外侧从红紫色到黑色进行晕染制作，一般都是平时容易完工的色彩。这是月季作品中花瓣最少，制作难度最低的一款作品。

银莲花

制作方法 >>> p.54

鲜活怒放的银莲花成为干花后，花瓣皱缩，像花蕾的形状。银莲花有很多品种，建议参照一层花瓣的品种。茎随着不断干燥加工会弯曲，建议在黏合剂未晾干之前，整体弯曲进行固定。

Anemone

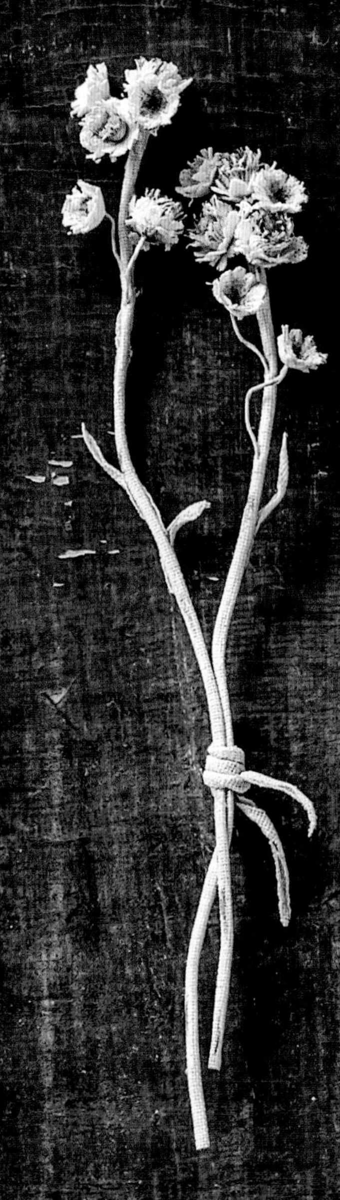

鼠曲草

制作方法 >>> p.56

鼠曲草有好几种，这款作品是以其中的田艾为参考而制作。大多数情况下用于装饰花边、植物标本等。小巧精致可爱。制作成布花时需要多个小部件，所以裁剪布时要特别注意哟。

Pseudognaphalium affine

鼠曲草耳饰

制作方法 >>> p.59

把鼠曲草紧紧地聚集到一起宛如浮雕般制作，再添加一朵紫阳花，设计成如图边缘摇摆的样子。把鼠曲草装饰固定到耳饰底座上时，注意不要凸起，要固定紧，这样成品才会好看。

鼠曲草花束

制作方法 >>> p.58

看似朴素的野草鼠曲草，做成一大束会非常吸引人的眼球。这样的鼠曲草花束给人带来一种天真无邪般的纯洁，更突显出梦幻般的感觉。其中花茎使用古董风格的丝带打结系上效果更佳。

芍药

制作方法 >>> p.60

我们经常说芍药和牡丹非常相似，但是也有说和一些品种的玫瑰相似。和玫瑰作品不同之处：叶子自不必说，花瓣粘贴时需要下功夫，注意花瓣边缘的层次感，做出芍药的感觉。

Paeonia lactiflora

Ruffled Pansy

带褶边三色堇

制作方法 >>> p.62

新品种带褶边盛开的三色堇中的“Robe de Antoinette”备受瞩目。最明显的特征就是让人联想到盛装礼服装扮般的花瓣。堇菜科的花直接制作成干花时，花瓣容易竖着卷起。建议轻轻摁压花瓣之后制作干花，以此为模型再制作布花。

带褶边三色堇的单耳耳钉

制作方法 >>> p.62

用花瓣部分制作耳钉装饰。带茎和叶子的三色堇的花会呈现立体感觉。图中的三色堇为了做成耳钉装饰，稍微平铺了一些。带珍珠的是正面，花瓣装饰在耳朵后面，若隐若现摇曳的样子，给人一种很内敛的感觉。

Tulip

郁金香

制作方法 >>> *p.66*

郁金香的鲜花像头巾卷起来一样，几乎看不到花的内侧。干燥之后花瓣皱缩变细，可以看见内侧的雄蕊。卷曲花瓣会呈现动态感觉，此时的模样最吸引人。

Dandelion Fluff

蒲公英

制作方法 >>> p.82

蒲公英一直以来给人一种可爱的印象。此处我们考虑要做出时尚成人感觉的蒲公英。冠毛上使用毛皮装饰，叶子和茎染成深色后，上面晕染黑金色的丙烯酸颜料，做出和一般蒲公英不一样感觉的作品。

野草莓

制作方法 >>> p.68

培育象征幸运的野草莓“fragaria vesca”品种。其会结出红色的小果，但是开花后，趁果实还是绿色的时候制作成干花。干燥之后会变得非常小，然后整理成易于制作的布花尺寸。

Violet

紫罗兰

制作方法 >>> p.70

参照略微带红色、泛紫色的花朵进行制作。成为干花后，会出现皱缩成圆形、看不见雄蕊等现象，和真花稍微不同，是比较有个性的一款作品。染成深棕色的花瓣，更有干花的氛围。

紫罗兰花蜜饯耳饰

制作方法 >>> p.70

紫罗兰花蜜饯是一款非常奢侈的点心，可以品尝到紫罗兰花的滋味。因为喜欢这种点心，所以把材料改成布，试做了好几种，最终做出比较接近实物的一款作品。

Carnation

康乃馨

制作方法 >>> p.72

这是一种被称为“Hyper wine”品种的康乃馨，红紫色花瓣中呈现深紫红色的双重色系感觉。古董色调颜色的康乃馨做成干花，更增加了韵味和情趣。由于花的个性比较鲜明，花萼染成单色会有点单调的感觉，建议画上细细的纹理进行搭配则协调。

English Lavender

英国薰衣草

制作方法 >>> p.74

无论是鲜花还是干花都散发着浓郁的香气。房间里既可以装饰着干花，也可培育着幼苗。小粒的花穗上开着花，不久就会枯萎。按彼时的状态做成布花。花穗和花都非常小，而且数量多，需要耐心细心制作的一款作品。

铃兰

制作方法 >>> p.76

无论是盛开的鲜花还是枯萎的样子都是非常美丽的。叶脉浮出的叶子也是非常别致的。为了凸显叶子的存在感，用手画花的纹理，多画几条细细的若隐若现的线条，营造出纤细微妙的氛围。

Lily of the valley

German Chamomile

德国洋甘菊

制作方法 >>> *p.78*

这款作品的特征就是小花瓣的中心处黄色的部分团簇成半球形，为了更加明显，采用金色系的丙烯酸颜料进行晕染。因为花形小且单调，制作成干花有点难，建议开花之后，花瓣弯曲的地方添加一片枯叶后，再完工会更好。

Cosmos Atrosanguineus

巧克力秋菊

制作方法 >>> p.79

这款秋菊的特点就是散发着巧克力香味，黑色中夹带红色或紫色。从众多品种当中挑选巧克力香味比较浓郁的“Bordeaux Red”波尔多红花参照制作。为了让小朵花中凸显丰富的表情，关键在于从红到黑渐变式染色和金色花粉。

Calla Lily

马蹄莲

制作方法 >>> p.83

把似婚纱白色的花干燥到稍微残留绿色的状态，依此时的样子参考制作。内侧黄色棒状部分是本来花的样子，其四周白色的花粉上使用了适量0.5mm玻璃珠。此款作品最难的部分在于需要大范围晕染。

阿月浑子

制作方法 >>> p.80

把阿月浑子叶做成干花。使用珍珠白色丙烯酸颜料进行上色,宛如白金色。最后使用砂纸,研磨掉一部分上色，露出底层的棕色，采用怀旧风格的加工制作方式。

Pistachio Leaf

Hydrangea

紫阳花

制作方法 >>> p.64

据说世界上有2000多种紫阳花。我最喜欢白色的紫阳花，从中选择“Annabelle”和“White Diamond”为参考进行制作。制作成的干花与其他花相比，花瓣的纤维纹理更加明显。其形状以及渐变式枯萎色彩，均可漂亮地呈现出来。

紫阳花耳挂

制作方法 >>> p.64

使用紫阳花纸样，制作左耳用的耳挂，然后改变色彩，对称着制作右耳用的耳挂。长度以能在耳朵正下方看见花为标准。耳朵小一点的情况下，可以调整花上面的T形针的朝向或者缩短T形针的长度。

菜粉蝶

制作方法 >>> p.81

把新艺术派风格插图般的蝴蝶做成单色，和花的作品结合使用。用细笔画出翅膀的花纹，然后画几根线成为主线脉络，不必按照原样画，可自由发挥。

Cabbage Butterfly

干花制作技巧

布和砂纸

花瓣、叶子枯萎之后，水分流失，变硬，从而失去光泽。使用一种布，可以再现鲜花般美丽的样子。这种布就是做衣服用的粗棉麻布(图**a**)。因为有厚度，所以有适度的弹性和柔软度，能够再现干燥之后纤细的花瓣。至于颜色，通过染色变成富有韵味的米白色，当然白色也无妨。制作枯萎之后变脆弱的花瓣和叶子的边缘时，把布料裁剪之后用砂纸(图**b**)打磨会更有感觉。

a

b

c

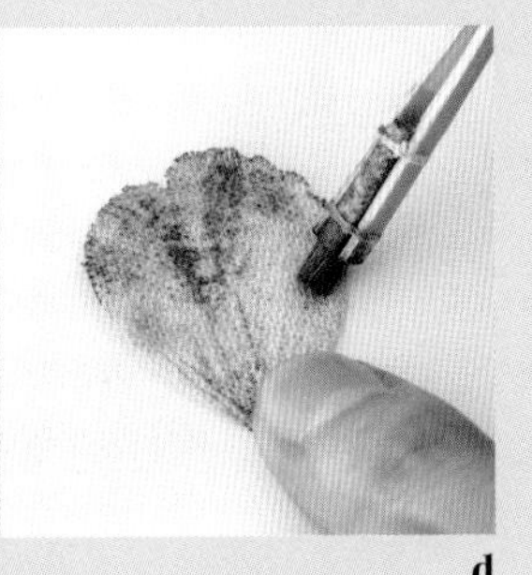

d

晕染

为了展现干花的褪色感觉，几乎所有的作品都采用了晕染。晕染一般是把白布染成浅茶色，然后再把一部分重复染色。本书中是先把布弄湿，整体染上主色调后，再重复染色(图**c**)。这种染色方法更能加深其韵味，而且根据染色笔中染料量的差别会使颜色呈现浓淡之分，正好可以呈现出鲜花变成干花过程中颜色的变化。

枯萎花瓣的边缘呈茶色，在最初染色完全晾干之后，再次进行无规则的晕染(图**d**)。用极细的笔画出干燥之后能看见的叶脉以及细丝状的纹理。

茎干燥之后其表面纹路可用镊子制作；也可为了呈现立体感，用白色的丙烯酸颜料部分晕染(图**e**)，展现出其光泽。

e

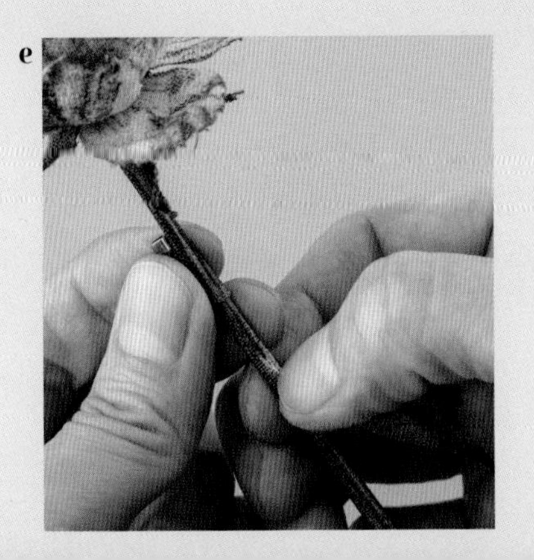

关于用布

布的种类

花瓣、叶子、花萼可使用粗棉麻布。茎使用比粗棉麻布稍微薄一点的普通白色棉麻布。无论哪种布都需要上浆后再使用。另外根据作品需要也可使用棉绸布或者棉布。需要注意的是防水布不能进行上浆和染色。

无法入手上述用布的时候

○ 粗棉麻布

→用棉麻纺织的横线、竖线织眼紧凑的布料代替，比茎用的普通棉麻布稍微厚一点的即可。

○ 普通的薄棉麻布

→用上浆后的人造花用的上等棉布代替。

○ 棉绸布

→用棉纱代替。

上浆的方法

1

把1大匙白色黏合剂和100mL开水放入容器中，均匀搅拌。黏合剂完全溶解需要很长时间，一般溶解80%即可。如果比较介意未完全溶解，可只使用上面比较清澈的部分。另外，因为未完全溶解，可能会造成浆液的浓度变稀，所以提前准备时可结合黏合剂的量进行调整。

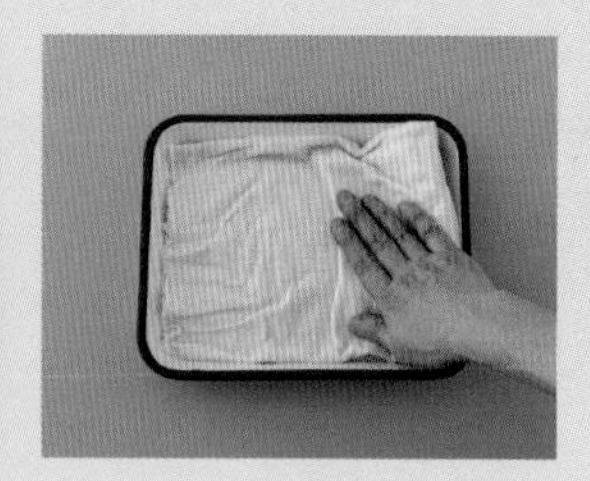

2

把布裁剪成合适的尺寸，浸泡到浆液里。如果是折叠放入的情况，注意内侧也需要好好浸泡。

3

把布拧干之后挂到衣架上晾干。如果拧得不够用力，会滴水，建议找一个容易处理下方滴水的地方晾干。

4

刚晾干的状态。布会变硬，起褶皱，不容易临摹纸样，所以需要使用熨斗熨烫使其平展。注意使用熨斗时调整好适应棉质、棉麻质地的温度，和熨烫手绢一样进行熨烫。

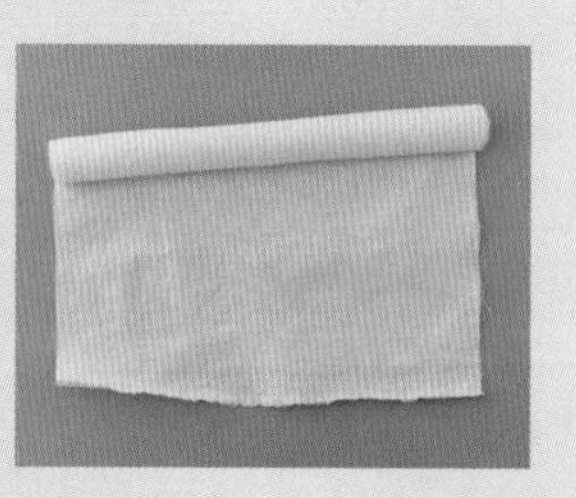

5

熨烫后，表面稍微有点细褶皱也无妨。然后把布卷起来备用。

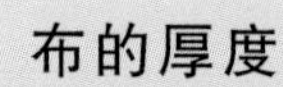

布的厚度

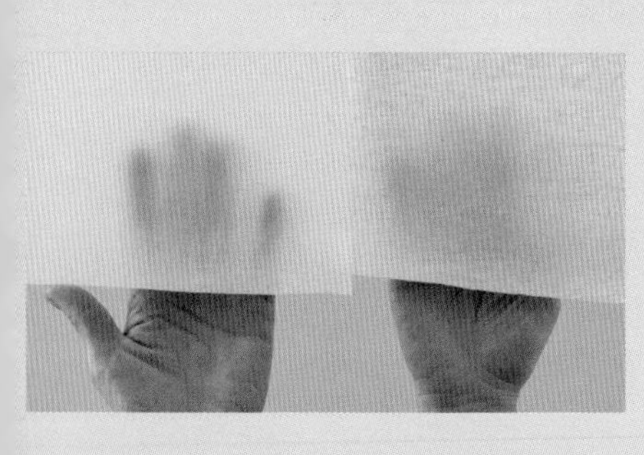

100%纯棉麻布(左图)一般隐约可以看见手掌。而粗棉麻布(右图)只能模糊地看见手掌。

布料的纹理

一般胸饰用布都是斜着裁剪。为了凸显砂纸打磨过的部分和成为干花后含有褶皱的花瓣，本书基本根据布料纹理线竖着或者横着裁剪。可参考纸样中布料纹理线进行裁剪，在没有布料纹理线的情况下，可自由裁剪。没有纸样的茎或者T形针固定用布，可根据布料纹理线竖着或者横着裁剪成长方形。

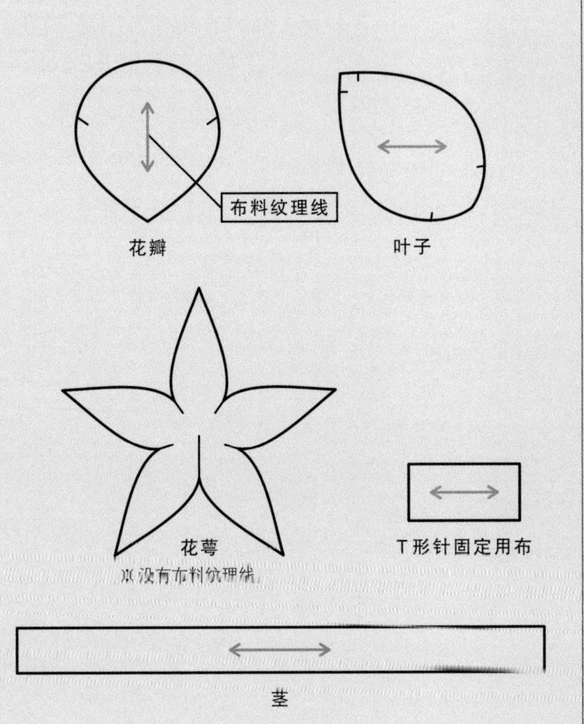

关于染色

染色液

布染色时一般使用水性液体染料Roapas Rosti。除了可用单色染色，也可把几种颜色的染料混合到一起调色，用水稀释之后再使用。

花蕊染色时，使用油性液体染料Roapas Spiran。

花蕊使用面粉制作而成，用水性染料染色的话溶解后会变脆。稀释Roapas Spiran时，使用变性乙醇。容器里一旦残留油性染料，晾干后用水不容易洗掉，建议使用蘸有变性乙醇的纸巾擦掉。

※ 含羞草花蕊四周需要加工制作，建议使用水性染料。迅速染色就不会出现其他问题。

颜色的调和

按照染料和水的比例进行调和，比如“1（黄色）：40（水）”，就是按照“黄色染料1滴、水40滴”进行调和。使用玻璃细管放入水。染料调和只做每次所使用的分量，稍微剩余的情况下用纸巾吸干。

试染

因为染料放入容器里的时候可能会出现1滴的误差，可使用碎布进行试染。因为用布不同，即使同样的染料上色也会有所不同，试染之后可进行调整。按照正式染色的顺序，把布弄湿，先染底色，再进行晕染，晾干之后进行确认。染色确认建议在白天自然光下进行，因为在其他灯光下看到的颜色会和实际颜色看起来不一样。

材料及工具

介绍一下本书所用的主要材料和制作工具。作品不同，所用材料和工具会有所不同。

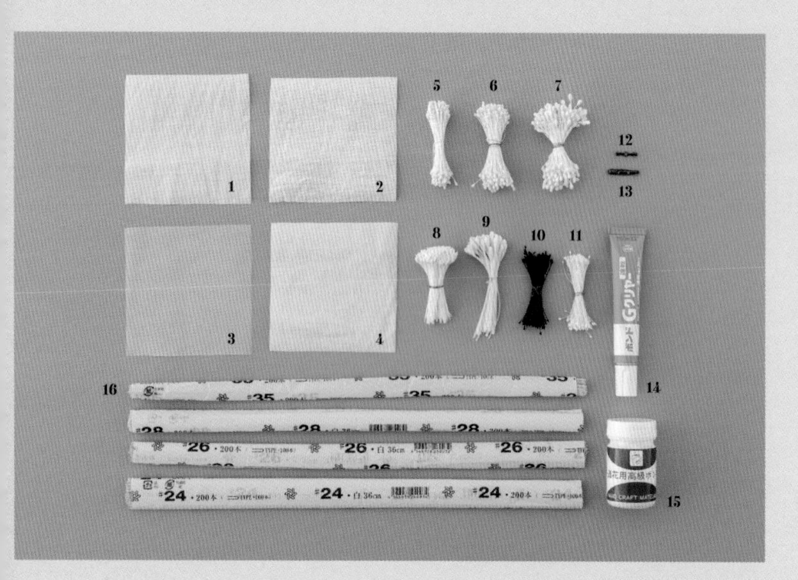

花的底座材料

※"金古美""贵和制作所"是手工材料的生产厂商。

1 100% 纯棉麻质地（上浆后使用）

2 粗棉麻（上浆后使用）

3 棉丝绸（固糊）

4 棉布（中糊）

5 素玉花蕊（0.5号 / 白色）

6 含羞草花蕊（小 / 白色）

7 含羞草花蕊（中 / 白色）

8 百合花蕊（极小/白色）… 尖头花蕊（小/白色）代替也可

9 百合花蕊（中 / 白色）

10 线状粗式花蕊（黑色）

11 线状粗式花蕊（白色）

12 胸饰别针（1.7cm/金古美）… 胸针别针配件托No.101G古（贵和制作所）。1.5 ~ 2cm古董金色的别针代替也可

13 胸饰别针（2.5cm/金古美）… 胸针别针配件托No.104G古（贵和制作所）。2.5cm古董金色的别针代替也可

14 速干黏合剂 … 基本上用来粘贴花瓣、叶子、花萼（粗棉麻布的部件）以及和金属部件的组合

15 白色黏合剂 … 人造花用高级黏合剂。用于布的上浆以及茎、T形针固定用布（普通棉麻布）、薄丝绸、铁丝、花蕊的粘贴。木工用黏合剂代替也可

16 铁丝（35号、28号、26号、24号/白色）

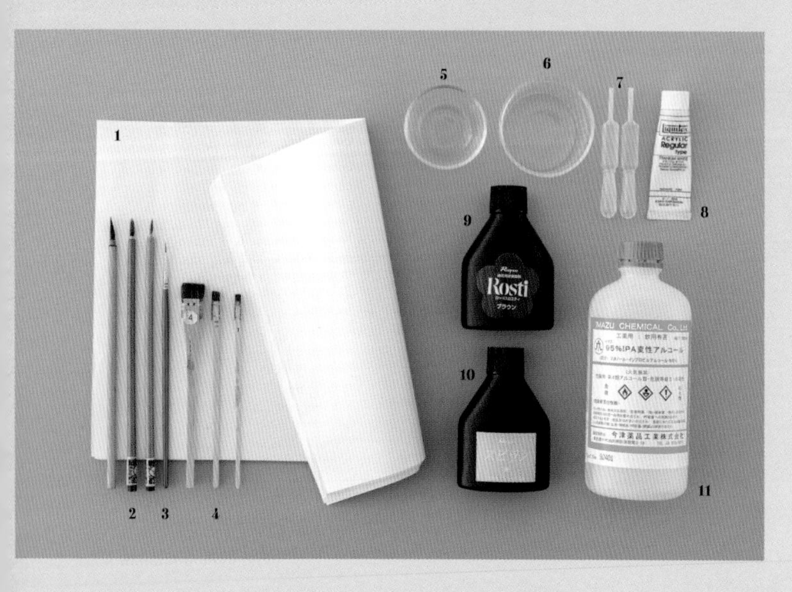

染花的材料及工具

1 吸水纸 … 染色时用的吸收性能比较好的纸。当然报纸也可以

2 面相笔 … 主要用笔。会根据穗尖的长短、色彩等区分使用，建议多备几支。当然也可用水彩笔代替

3 水彩笔（#10 / 0）… Athena La Vie liner 7400系列。画花瓣的纤细纹理、叶脉时使用。只要穗尖不是很长，哪个牌子的都可以

4 晕染毛刷（马毛）… 染碎布时使用1号、1.5号

5 玻璃容器（小）

6 玻璃容器（大）

7 玻璃细管

8 丙烯酸颜料

9 水性染料

10 油性染料

11 变性乙醇

花朵造型的工具

1. 烫花器主体
2. 烫花器的烫镘(从左开始)… 五分圆镘 / 勿忘我花镘(大)/ 勿忘我花镘(小) / 铃兰花镘(大) / 铃兰花镘(小) / 中瓣镘(中)/小瓣镘(小) / 一筋镘(小) / 卷边镘 / 新卷边镘
   ※ 勿忘我花镘(大) (小)如果不容易找到，也可使用其他的代替。
3. 3cm左右厚度的书或者笔记本
4. 厚海绵(烫花器垫)… 准备2块，1块作为烫花器垫，1块打孔时垫在下面
5. 烫花器垫用棉布 … 为了避免烫花器垫过热，卷上之后再使用
6. 毛巾
7. 吹风机

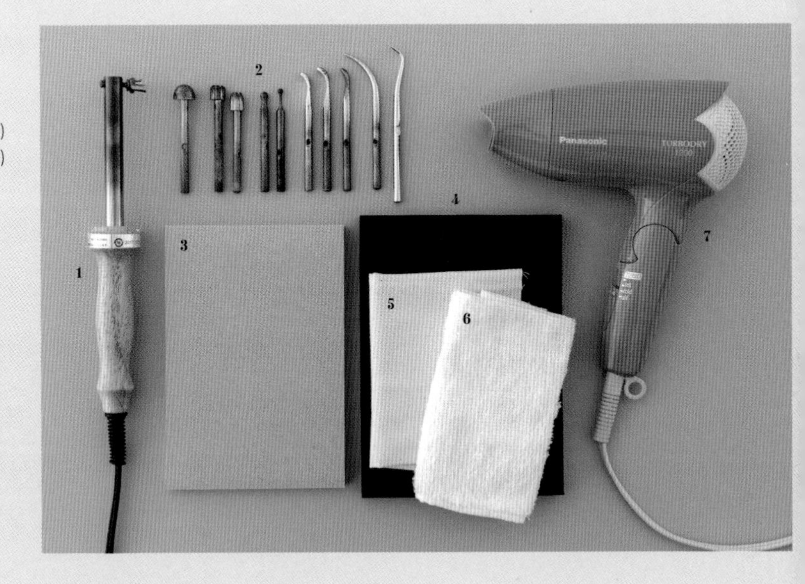

其他工具

1. 扁嘴钳子
2. 剪铁丝用剪刀
3. 裁剪布剪刀…使用刀刃锋利、顶端比较细的剪刀。推荐FLORIS S型号
4. 直尺
5. 订书机
6. 自动铅笔
7. 小镊子 … 顶端弯曲，长度为12~13cm
8. 细锥子
9. 牙签
10. 砂纸80号

※ 另外裁剪铁丝时会用到钳子。

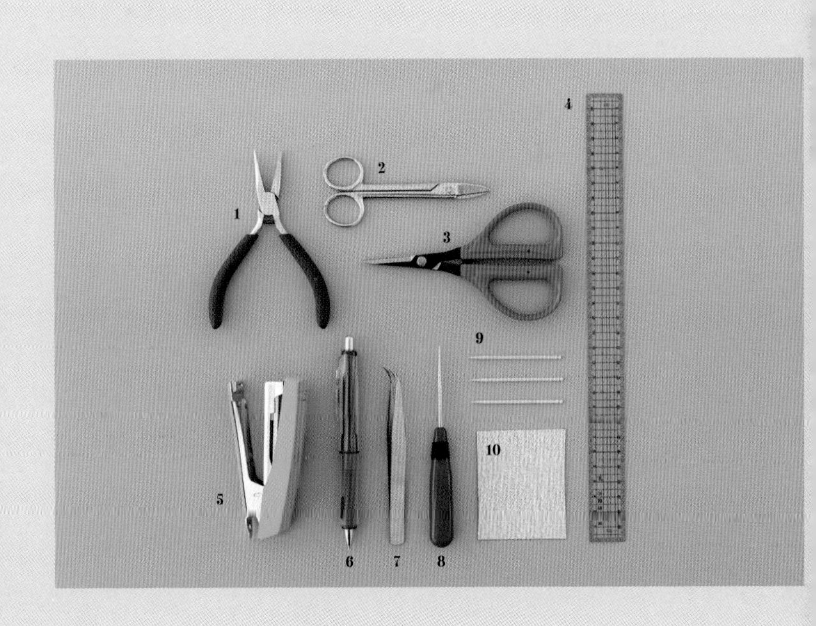

爱杜尔·马奈月季的制作方法

这个作品从临摹纸样到完工，均会做详细介绍。做法和其他作品有共通之处。

材料、染料、烫花器、纸样参照p.49。

裁剪部件

1

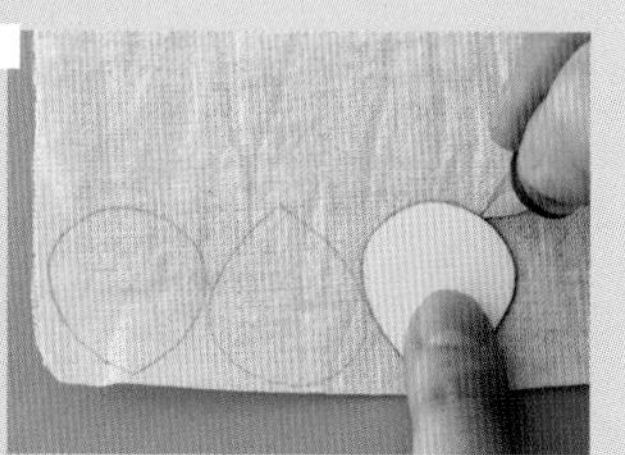

用铅笔把纸样临摹到布上。注意确认好布料的纹理之后再把纸样放上去。

2

临摹所有的纸样，片数比较多的情况下可把2片重叠到一起，用订书机固定，2片一起裁剪。

※注意小部件需要一片一片地裁剪。

3

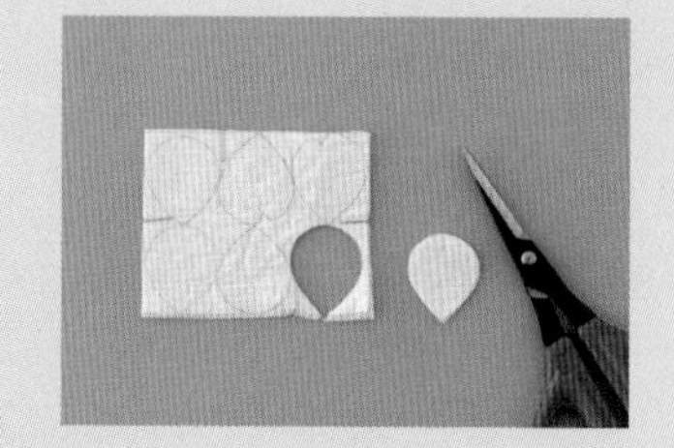

裁剪时注意各个部件不要裁剪错位了。

4

花瓣**B**、**C**、**D**、**E**以及叶子的边缘需要裁剪成细细的锯齿形。把剪刀放入上边的印记和印记之间，每次裁掉接近1mm正方形的大小。

边缘上部裁剪后的状态。

5

裁剪过的边缘用砂纸打磨。相对于砂纸而言，如图所示用手呈90° 拿着花瓣断面，一点一点地前后滑动进行打磨。一般情况注意一个地方来回打磨2次就可以了。打磨次数太多了，就会磨烂了。

边缘上边打磨后的状态。

※花瓣**A**是步骤**3**直接裁剪后的状态。

※叶子也需要在两侧的边缘进行步骤**4**、**5**的操作。

花瓣的染色

6

把需要用的染料都放进染色用的玻璃容器里。如图所示倒入时把染料瓶口紧贴着容器的边缘。

每倒入1滴染料后，瓶口的染料用纸巾擦掉，注意每次1滴的分量尽量相同。

7

用玻璃细管倒入水。1滴黄色染料放入40滴水。这样最初的染料Ⓐ就准备好了。按照p.49的说明准备好染料Ⓑ。调和好染料，进行试染（参照p.35），确认染色，然后对花瓣**A**～**E**染色。

8

把花瓣放入有水的容器里弄湿。

9

取出后放到吸水纸上，等待水分蒸发。

※所有的部件都要进行此步骤的操作。

10

用笔把染料Ⓐ染到花瓣整体上。

11

用染料Ⓑ染花瓣上方大约1/4的地方，从上往下移动笔进行由浓到渐淡的染色（晕染）。

※接步骤**10**染色时水分残留的情况会影响到染料Ⓑ的染色效果。水分少时，不会大范围地扩散，染色变重，不能很漂亮地进行晕染。水分多时，染料Ⓑ会变稀，染料会大范围地扩散，比花瓣的1/4染的范围大。

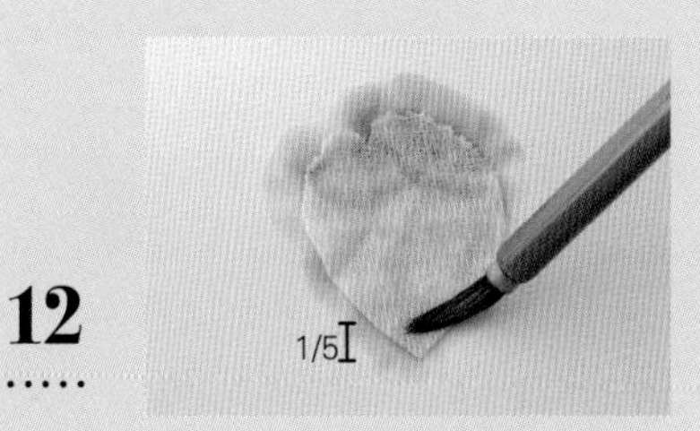

12

花瓣**D**、**E**染色时，如图所示用染料Ⓑ染花瓣的下方约1/5。最后薄丝绸的茎布也用染料Ⓐ进行染色。这时，不要弄湿，直接用笔染色。所有的花瓣染色之后，等待完全晾干。

13

按照p.49的说明调和染料Ⓓ。染料过多的情况下，画线的染料容易洇出，所以用细笔蘸极少量的染料。

14

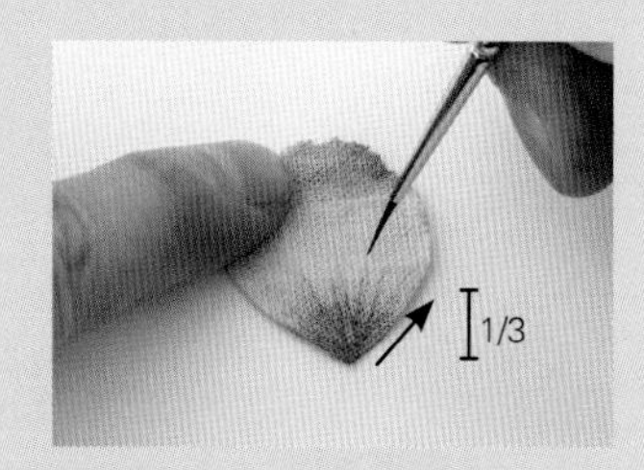

用细笔在花瓣**D**、**E**的表面画上纤细的纹理。在花瓣下方1/3处，从下往上画放射状的线。最理想的状态是画几根若隐若现的细线。花瓣**D**、**E**（共12片）画完之后，在其中花瓣**D**1、**E**1的背面也画上相同的线。这两片花瓣最后成为外侧的花瓣。

15

用染料Ⓒ在花瓣**B**～**E**上画出红色花纹。首先在花瓣的表面上方1/2的中心处画1根线。以中心线为界线，如图所示左右各画5根左右放射状的线。

16

部分线染浓一点。技巧就是用笔掠过布面那样染色，染料洇出也没关系。浓一点的染线根据不同位置的花瓣，可染出不同的花样。步骤**14**两面画线的花瓣**D**1、**E**1两面部分的线也染浓一点。

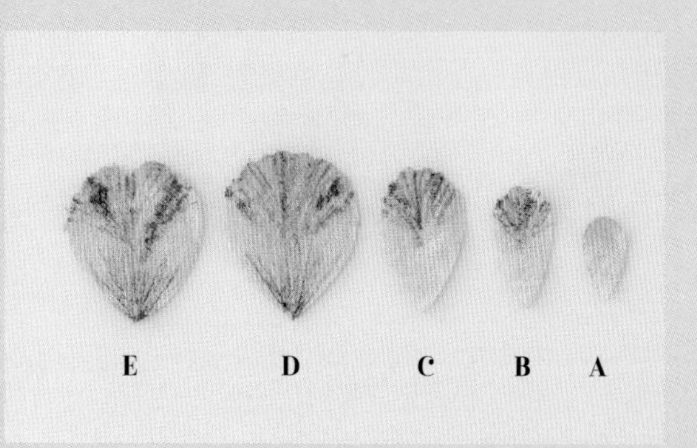

这是花瓣染色完成的样子。

17

为呈现出枯萎效果，所有花瓣的断面（花瓣边缘的断面）都进行晕染。首先用毛刷1号蘸少量染料D，染料多时会洇出，笔刷掠过吸水纸刷几下减少染料。

18

如图所示用手指捏着花瓣，把毛刷放到花瓣的断面处。注意使断面极薄呈茶色。

19

使用染料Ⓓ，进行浅浅地晕染，使花瓣**A**～**E**上方1/5处呈现枯萎状态。和步骤**17**一样减少笔的染料后再进行晕染，左右移动毛刷掠过般进行染色。

20

花瓣**D**、**E**两端也轻轻地晕染。步骤**16**两面画线的花瓣**D**1、**E**1背面也进行晕染。

21

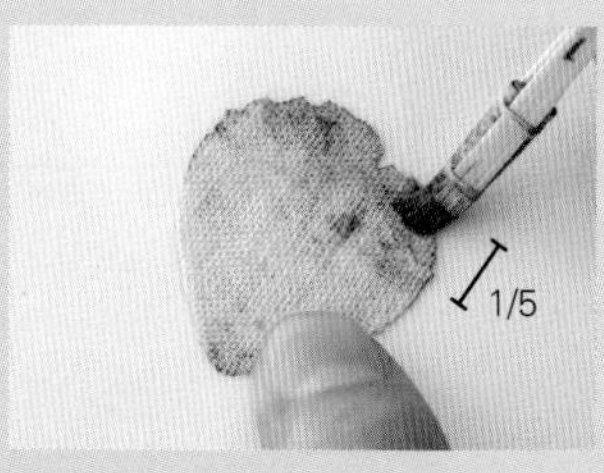

最后花瓣**D**、**E**背面上方1/5处也进行晕染（因为花瓣边缘翘起来的时候，会看到背面）。

叶子及其他部件的染色

22

用染料Ⓔ、Ⓕ给叶子染色。和步骤**8**、**9**一样，用水弄湿之后用染料Ⓔ进行整体染色。

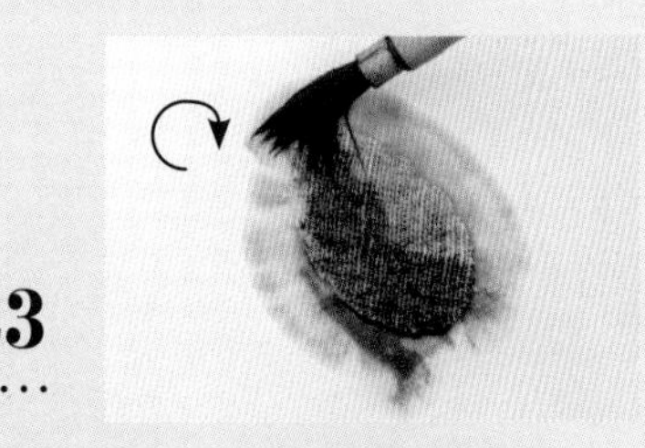

23

用笔只蘸染料Ⓕ一次，整体进行画圆迅速染色。刚开始染色时比较浓，慢慢地会浅，形成渐变式染色。

24

茎、T形针固定用布、花萼用水弄湿，用染料Ⓕ进行染色。茎、T形针固定用布是麻布，比较难染色，根据需要可进行2次染色。第1次染色后使水分稍微蒸发之后，再进行下一次染色。

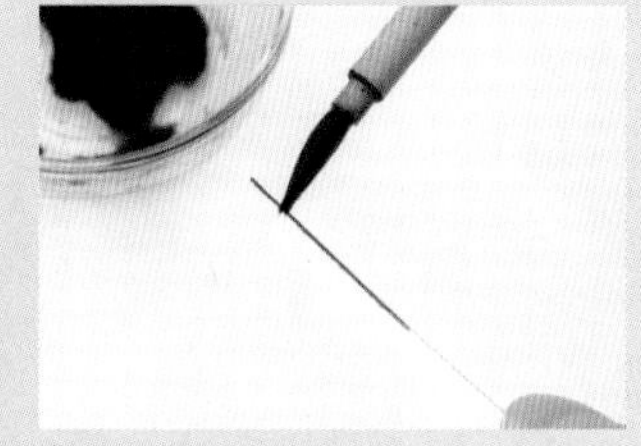

25

用染料Ⓕ给2根28号茎用铁丝染色。从上面开始染色，染一半即可。

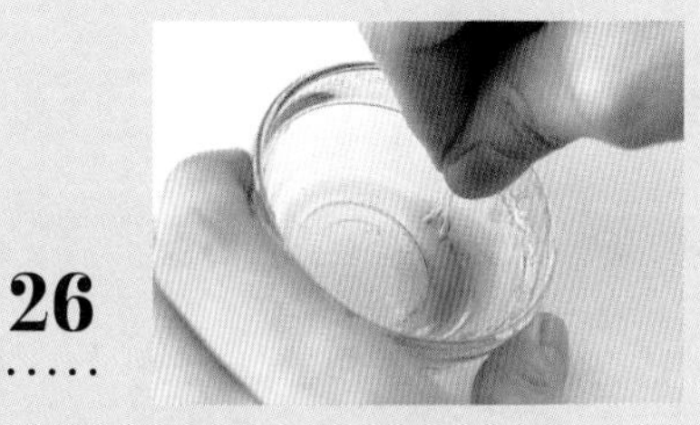

26

用染料Ⓖ给花蕊染色。手拿5根左右的花蕊，如图所示直接放入容器里染色，然后放到吸水纸上晾干。

※野草莓等一部分作品用笔进行染色。放在油性染料的容器中，染料干了之后放入少许乙醇，用纸巾擦拭干净。

这是所有部件染色后的状态。

用吹风机吹干花萼

27

花萼染色之后，趁着还没晾干用吹风机吹干并做出造型。5裂花萼的顶端分别用手指搓着拧一下。这是拧过之后的状态。

28

5裂花萼正面朝里，一起拿着，用吹风机吹干。

固定后的状态。

用烫花器烫制花瓣

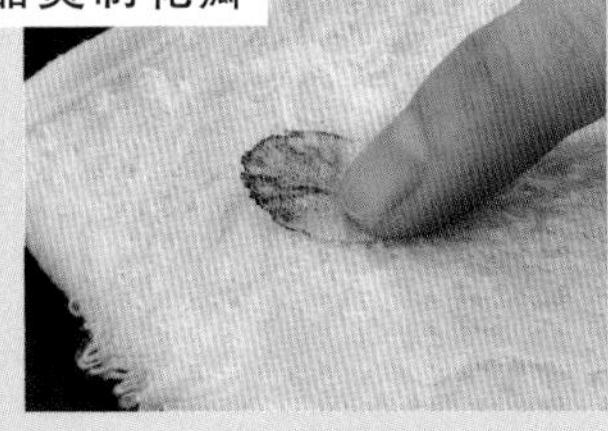

29

把花瓣背面朝下放到浸湿后拧干水的毛巾上，轻轻摁压稍微弄湿花瓣。

※按顺序把花瓣一片一片弄湿之后，用烫花器烫制（一直到步骤**33**）。

30

把花瓣**A**翻过来，正面朝下放到烫花器垫上，用小瓣镘烫制出圆形。

※烫花器的烫制位置和方向参照图示。

31

在花瓣**B**的背面使用小瓣镘烫制出圆形。

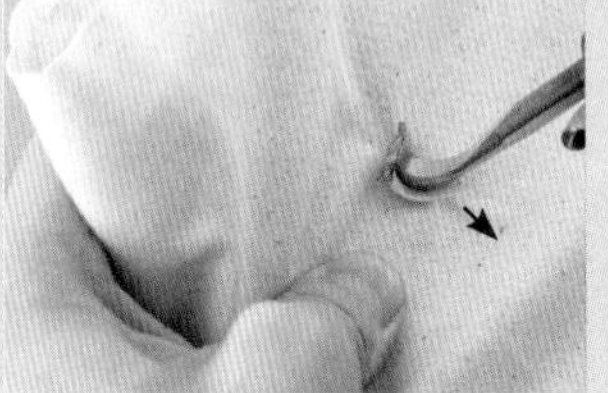

32

在花瓣**C**的背面使用中瓣镘烫制出圆形。因为没有斜着裁剪，所以不容易进行圆形造型。把烫花器垫如图所示弯曲才容易烫制出圆形。

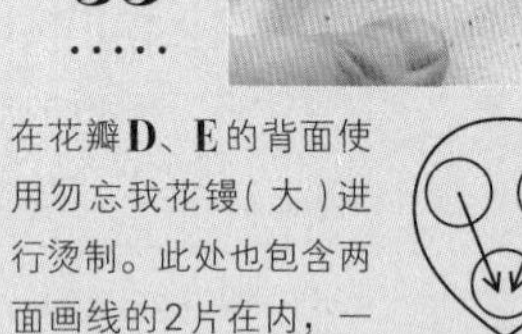

33

在花瓣**D**、**E**的背面使用勿忘我花镘（大）进行烫制。此处也包含两面画线的2片在内，一共烫制12片。

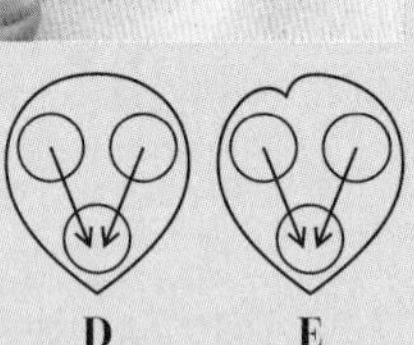

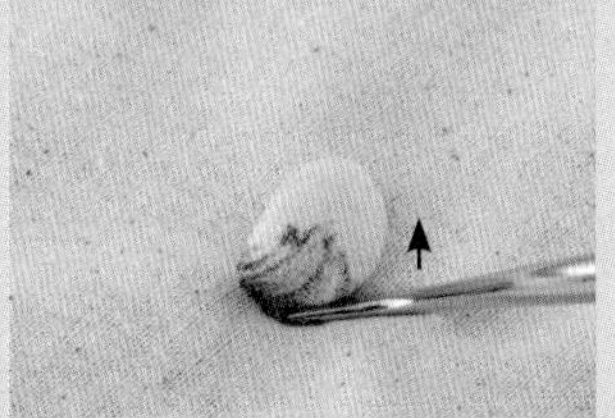

34

在花瓣**B**、**C**的正面使用新卷边镘进行烫制。烫压花瓣上方，使花瓣的边缘翘起。

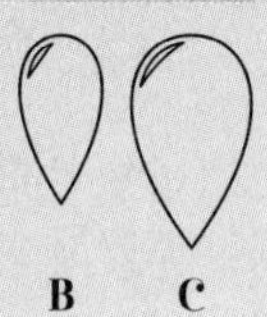

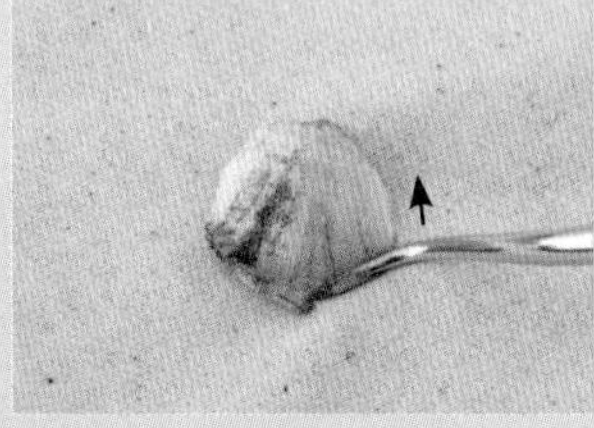

35

在花瓣**D**、**E**的正面使用新卷边镘，使花瓣上方左右边缘翘起来并进行烫制。但是两面画线的一片花瓣**D**、一片花瓣**E**留出不烫制。

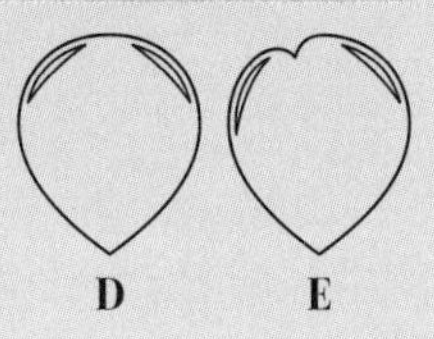

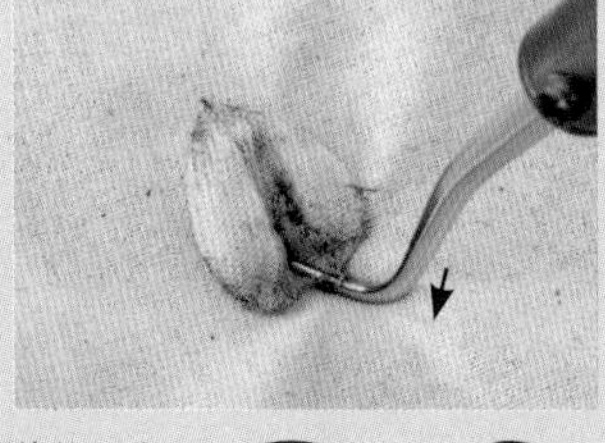

36

最后在两面画线的一片花瓣**D**、一片花瓣**E**上使用新卷边镘进行烫制。在花瓣正面上方中心处，把新卷边镘放上去，摁压0.3cm左右。

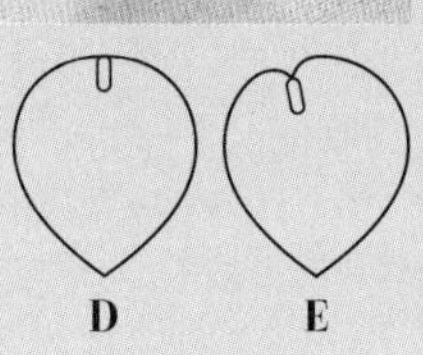

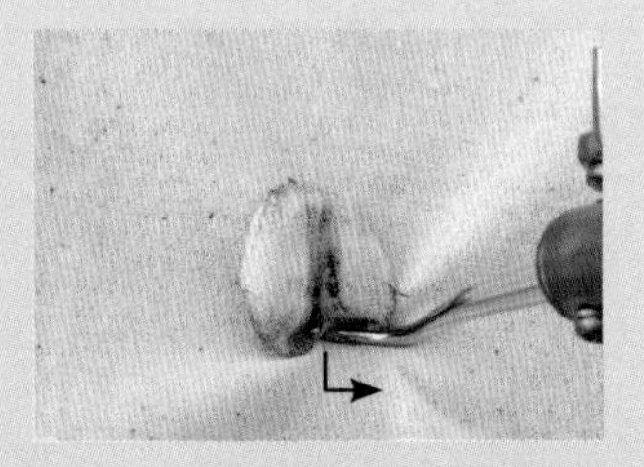

37

摁压后的状态，然后往右（或者往左）滑动烫花器镘头几秒。这样一来花瓣上方就会呈现明显的起伏状。

38

和步骤**35**一样，使花瓣上方左右边缘翘起来进行烫制。

39

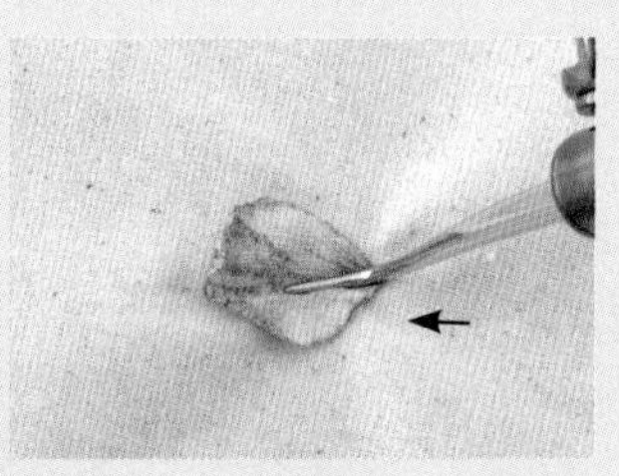

花瓣正面朝上，把新卷边镘放到花瓣下侧的中心处，进行摁压烫制。

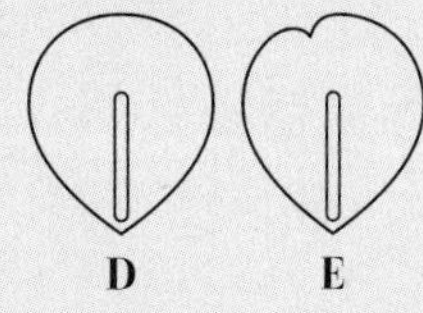

制作叶子

40

在叶子正面的下侧用牙签涂抹少量速干黏合剂。

41

把28号铁丝放到涂黏合剂的位置上，把叶子对折并进行粘贴。晾干之后把超出叶子的铁丝留出4.5cm后剪掉。

42

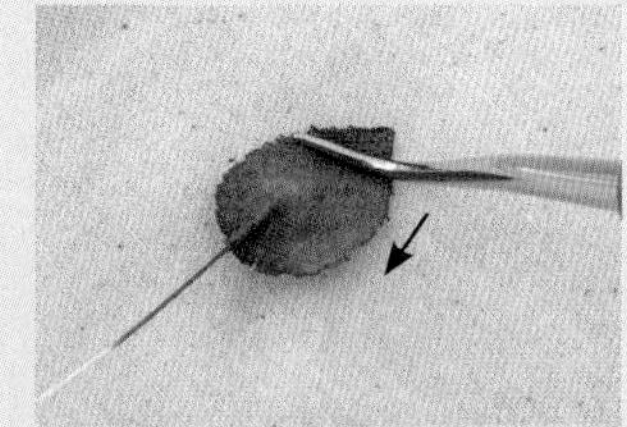

用新卷边镘把叶子背面的顶端、侧边轻轻打卷。把烫花器放到叶子上，在轻轻往下摁压的状态下进行滑动烫压。

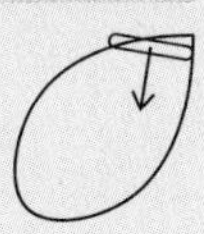

烫花器烫制结束后的状态。

制作花的中心

43

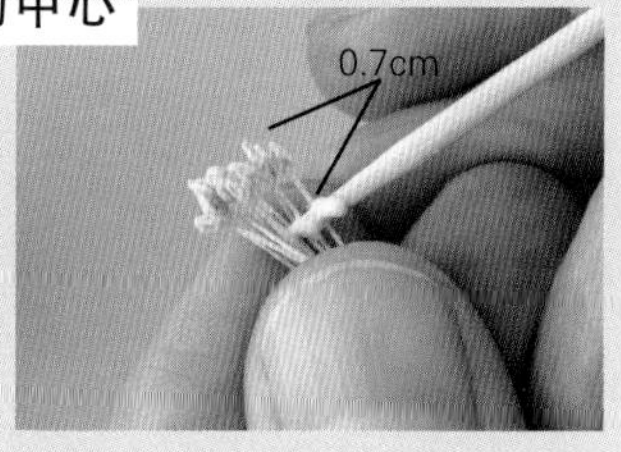

将花蕊缠上薄丝绸。把16根花蕊顶端对齐，然后从上方开始0.7cm处涂上白色黏合剂。

44

用手指摁压涂抹黏合剂的部分，把花蕊粘到一起，然后等待黏合剂晾干。

45

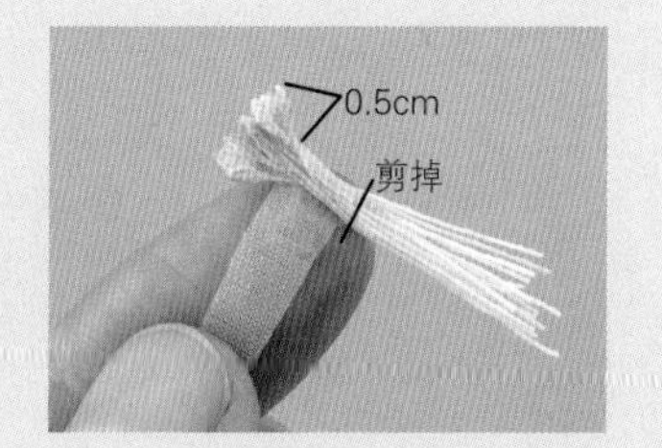

在薄丝绸上涂抹白色黏合剂，如图所示在花蕊露出0.5cm处缠上一圈，再把薄丝绸下方的花蕊下端剪掉。

粘贴花瓣

46

放上1根24号铁丝，然后再缠2圈，剪掉多余的薄丝绸。

47

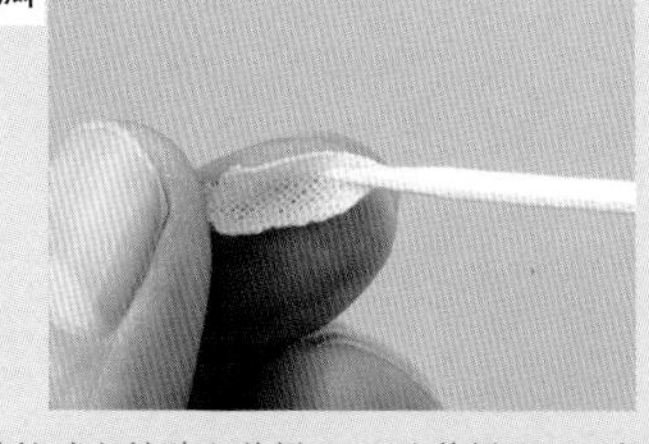

在步骤**46**基础上粘贴上花瓣。12片花瓣**A**，2片1组粘贴组合，一共制作6组。首先在花瓣的底部涂上少量的速干黏合剂（花瓣的粘贴位置参照p.49）。

48

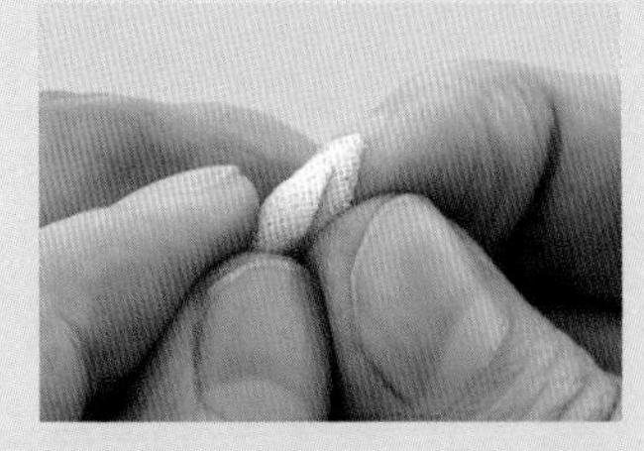

在另一片花瓣**A**的背面，稍微错开，粘贴上步骤**47**涂有黏合剂的花瓣，这样就是1组。

49

把2组花瓣**A**，如图所示相对着用速干黏合剂粘贴。把黏合剂涂到花瓣的底部（之后所有的花瓣都是把黏合剂涂到其底部）。粘贴时，注意把花瓣的下方和卷花蕊的薄丝绸下方的位置对齐。

50

把剩余的4组花瓣**A**如图所示用速干黏合剂粘贴一圈。

51

和花瓣**A**一样，把2片花瓣**B**的上方错开粘贴成为1组，一共制作6组。

52

用速干黏合剂把6组花瓣**B**粘贴一圈。

53

在花瓣**C**的底部涂上速干黏合剂，如图所示横着错开把2片花瓣粘贴组合成1组，一共制作5组。

54

用速干黏合剂把5组花瓣**C**粘贴一圈。

55

除了步骤**39**中两面画线的2片花瓣**D**、**E**，10片花瓣**D**、**E**中的5片如图所示用速干黏合剂粘贴一圈。花瓣**D**、**E**多少片数都可以，随意粘贴一周即可。

56

把剩余的5片花瓣**D**、**E**粘贴上。步骤**55**中粘贴时，注意把花瓣与花瓣之间错开，会更好看。

57

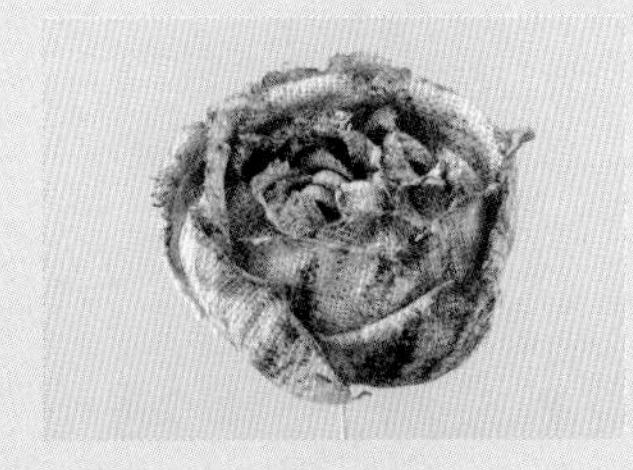

10片花瓣**D**、**E**粘贴完后的状态。转动浏览一圈，最好看的位置定为前面。

58

最后把步骤**39**中两面画线的2片花瓣**D**、**E**粘贴到前面。注意正面和背面不要弄错了。粘贴到正前面，稍微往侧面错一点也没关系。

制作茎

59

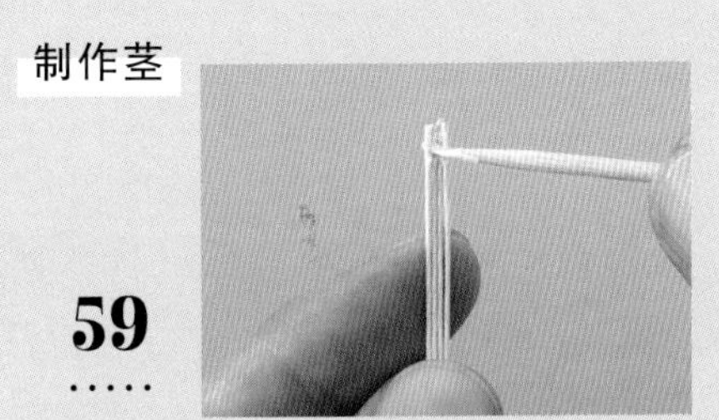

把4根24号铁丝粘贴到步骤**58**的铁丝上。先在4根铁丝的上部涂上白色黏合剂。

60

把4根铁丝放到花的正下方，摁压，把5根铁丝粘到一起。

61

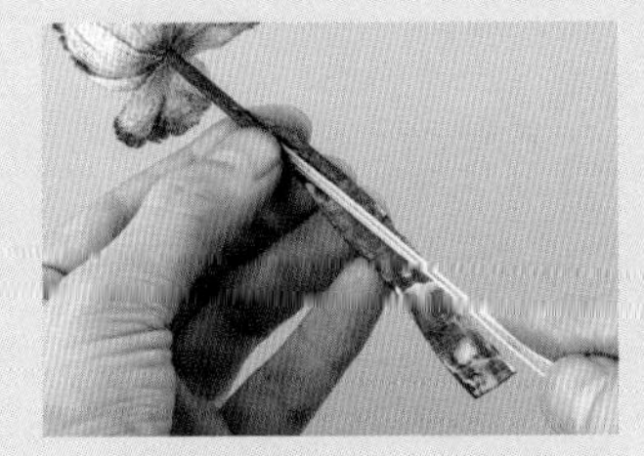

在茎布的背面涂上白色黏合剂。把茎布放到花的后面从上往下卷。注意不要卷太紧，松到能放进1根铁丝的程度。否则的话，步骤**63**无法制作纹理。

02

卷一半的时候，把2片叶子放上去一起卷。把叶子从根部折90°，把叶子上的铁丝和茎布的下端对齐。使叶子在茎布左侧露出，然后和叶子用铁丝一起卷起来。把从茎布露出的多余的24号铁丝剪掉。

完工

63

趁着茎上白色黏合剂还未晾干，用镊子的顶端在茎上压出几根纹理。如图所示把镊子顶端的一个爪放到茎上，用力从上往下滑动。但是注意如果过于用力的话茎布容易破损。在花的底部也要刻上纹理，所以建议放在3cm以上厚度的书上进行。

64

用砂纸轻轻打磨茎。

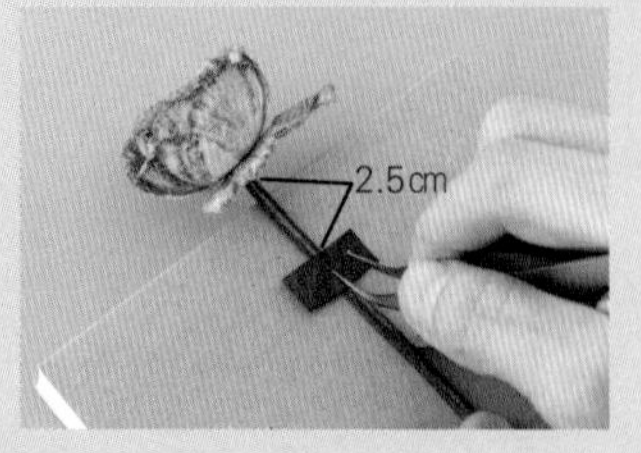

65

T形针固定用布的中心处涂上白色黏合剂，粘贴到前面。趁着黏合剂还未晾干，按照步骤**63**的方法，用镊子压出纹理。

66

用速干黏合剂把胸饰别针粘贴到茎的背面。在T形针固定用布上涂上白色黏合剂，然后卷上。

67

T形针固定用布的前面用砂纸轻轻打磨。

68

在花萼背面的中心处涂上速干黏合剂，把茎穿过切口部分粘贴到花的下面。

69

在茎的前面几处用牙签涂上少许丙烯酸颜料。

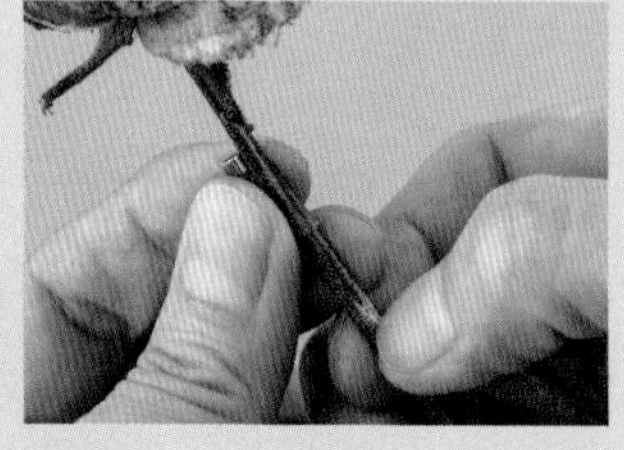

70

用指甲在涂丙烯酸颜料的几处进行晕染。

71

用手把茎弄弯，做出弯曲造型，整理一下即可完工。

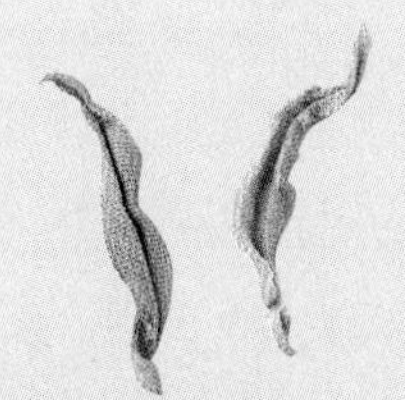

叶子和丝带的制作方法

芍药的叶子

1

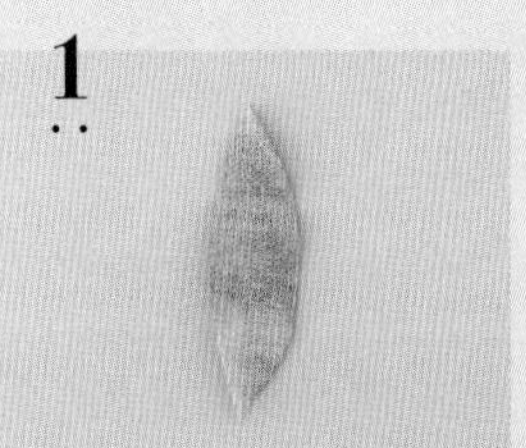

染色结束还未晾干的状态下，用吸水纸把水吸干。不用在意正、背面。

2

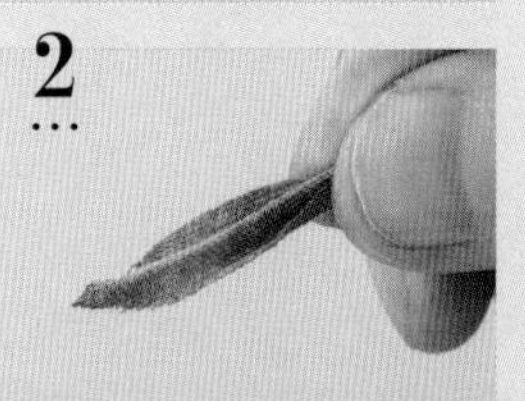

竖着沿中线山折，两侧再进行谷折，整体进行4等分的蛇腹折。

3

在蛇腹折的状态下，把其中一端的顶端夹到镊子中间，然后整体缠到镊子上。用手指摁着，用吹风机吹到6成干。

4

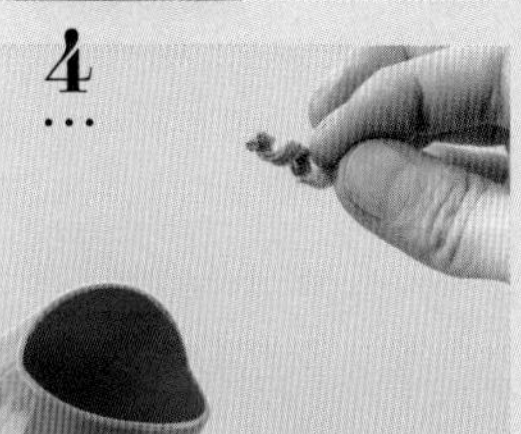

从镊子上取下叶子，卷曲状态下用吹风机吹到8成干。如果完全吹干，之后最终造型固定会比较困难，所以在稍微湿点的状态下继续制作比较好。

5

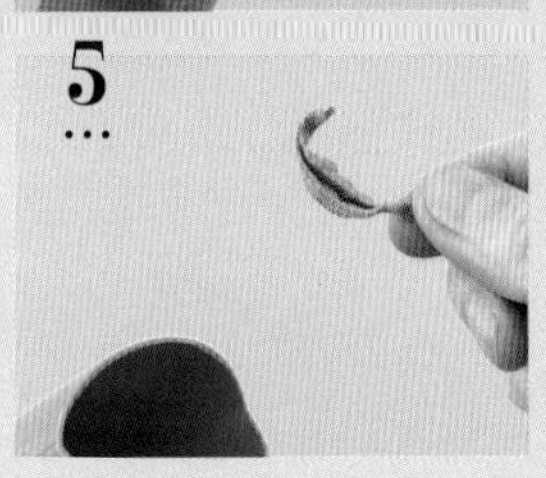

把叶子稍微展开，注意不要破坏其造型，然后整理成所需的形状，再用吹风机完全吹干并固定。把4片叶子都按照相同方法制作，当然造型不一样也无妨。

铃兰的叶子

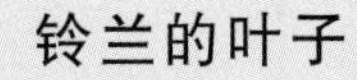

1

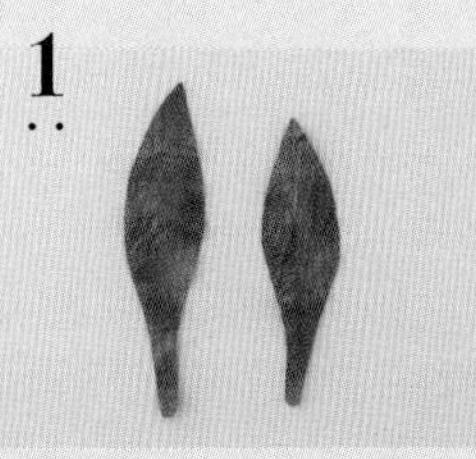

染色结束还未晾干的状态下，用吸水纸把水吸干。正面朝上放置。

2

竖着沿中线山折，两侧再分别进行山折、谷折，整体进行6等分的蛇腹折。一直折叠到下方变细成为茎的部分。

3

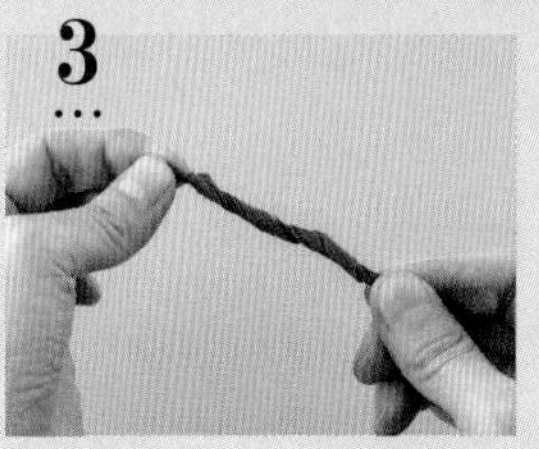

在蛇腹折的状态下，如图所示竖着拿，整体往右扭转。

4

在不破坏上述状态下，如图所示把两端绕成圈，一只手拿着，用吹风机吹到8成干。如果完全吹干，之后最终造型固定会比较困难，所以在稍微湿点的状态下继续制作比较好。

5

把叶子稍微展开，注意不要破坏其造型，然后整理成所需的形状，再用吹风机完全吹干并固定。把4片叶子都按照相同方法制作，当然造型不一样也无妨。

蒲公英的叶子

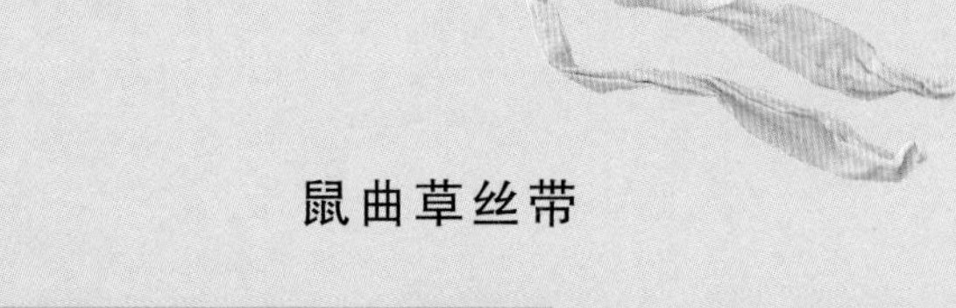

鼠曲草丝带

蒲公英的叶子

1 

染色结束还未晾干的状态下，用吸水纸把水吸干。正面朝上放置。

2 

把正面朝里，竖着沿中线对折。一直折叠到下方变细成为茎的部分。

3 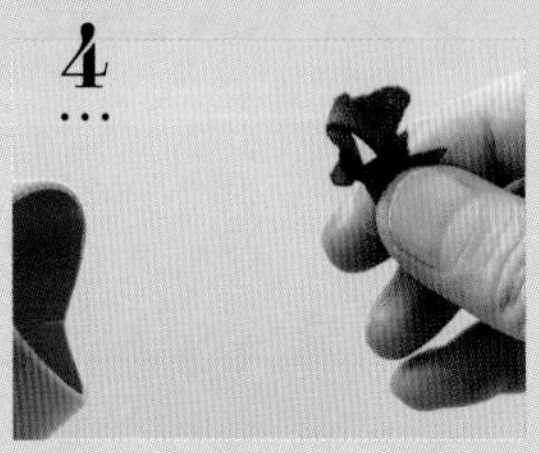

在对折的状态下，整体松松地扭转。用力扭转的情况下容易折断。

4

在扭转的状态下，如图所示把两端绕成圈，一只手拿着，用吹风机吹干。完全吹干之后，轻轻展开即可完工。

鼠曲草丝带

1 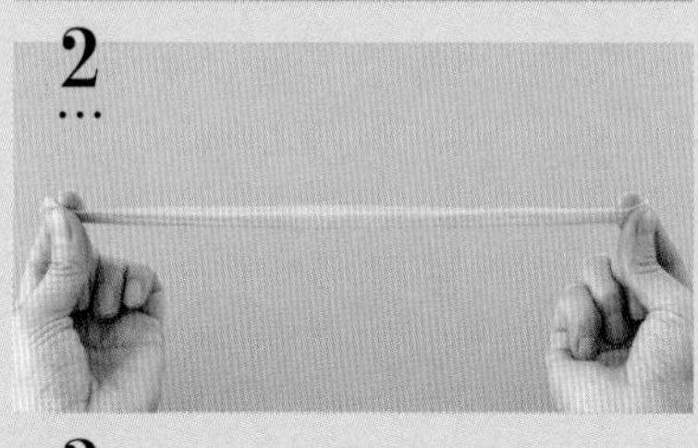

在丝带染色结束还未晾干的状态下，用吸水纸把水吸干。

2 

横着沿中线山折，两侧再分别进行谷折，整体进行4等分的蛇腹折。

3 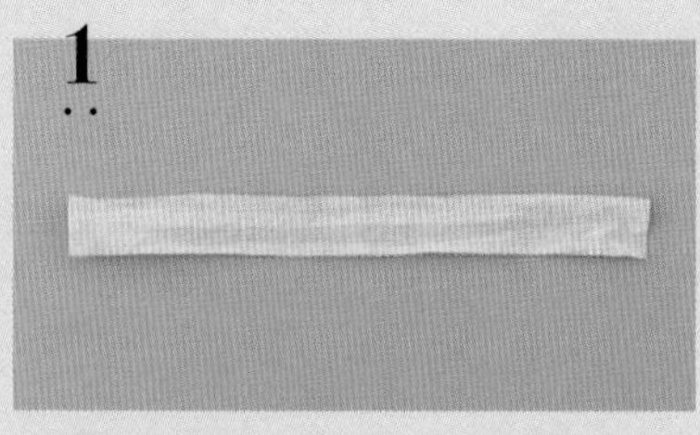

在蛇腹折的状态下，如图所示拿着，整体进行扭转。

4 

在不破坏上述状态下，如图把两端用一只手拿着，用吹风机吹到8成干。如果完全吹干，之后最终造型固定会比较困难，所以在稍微湿点的状态下继续制作比较好。

5 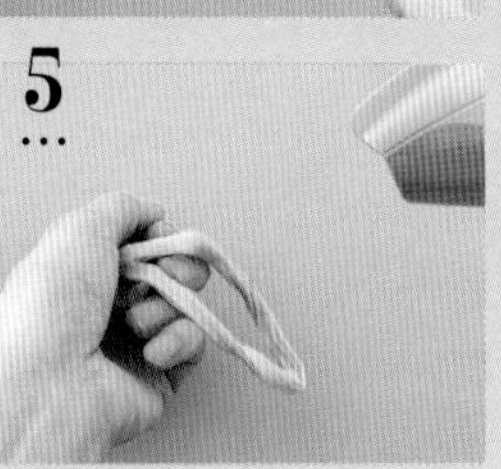

因为有部分水分残留，用力的情况下，形状会遭到破坏。两端小心地轻轻展开5cm，展开处用手如图轻轻握着。在此状态下，用吹风机完全吹干。然后系到花束的茎上，系好之后，把丝带顶端部分整理成蓬松状。

作品的制作方法

爱杜尔·马奈月季

Rose Édouard Manet

彩图 >>> p.4、5

完成尺寸（约）：竖12.5cm/横（花部分）4.5cm

材料

粗棉麻布 …… 30cm×12cm（花瓣A～E、叶子、花萼）
普通麻布 …… 12cm×1cm（茎10cm×1cm、T形针固定用布2cm×1cm）
薄丝绸（固糊）…… 5cm×0.5cm
铁丝（白色）= 24号12cm×5根/28号6cm×2根
线状粗式花蕊（白色）= 1/2根×16
胸饰别针（金古美1.7cm）= 1个
丙烯酸颜料（LIQUITEX钛白色）

制作方法p.38~46

染料

※ Ⓐ-黄色1：水40
Ⓑ-黄色6：橄榄绿色1：棕色1：水60
Ⓒ-红色3：橄榄绿色1：黑色1：水5
Ⓓ-柠檬黄色4：橄榄绿色1：棕色1：水3
Ⓔ-黄色1：棕色1：黑色1：水10
Ⓕ-黄色1：棕色1：黑色1：水3
Ⓖ-黄茶色（Roapas Spiran液体染料）1：乙醇15
※注：是按照黄色染料1滴、水40滴进行调合。以下各颜色和水比例调合均为此义。

烫花器

小瓣镘、中瓣镘、新卷边镘、勿忘我花镘（大）
使用吹风机

纸样

※临摹到透明纸上，贴到厚纸板上更容易使用。

花瓣A 12片

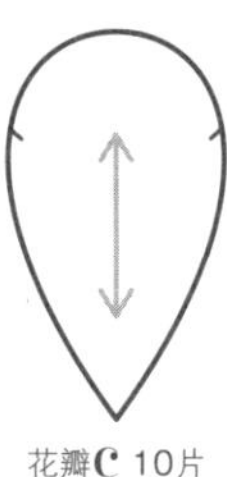

花瓣B 12片

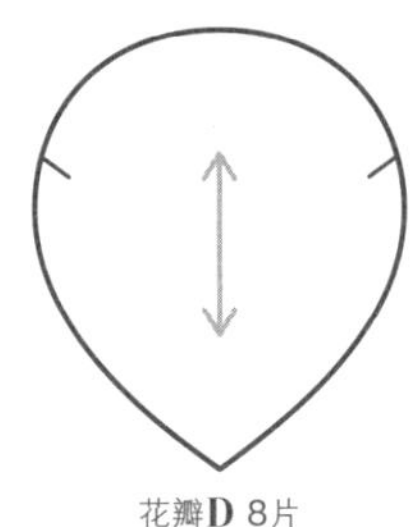

花瓣C 10片

花瓣D 8片

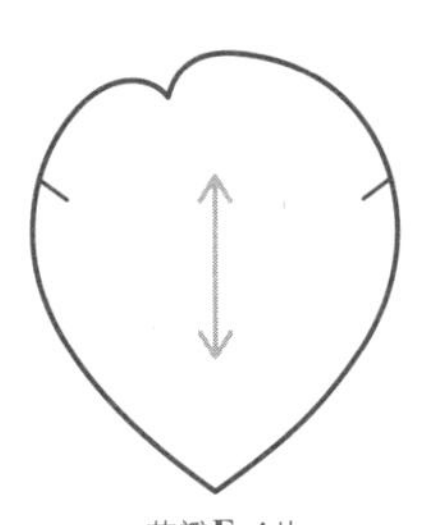

花瓣E 4片

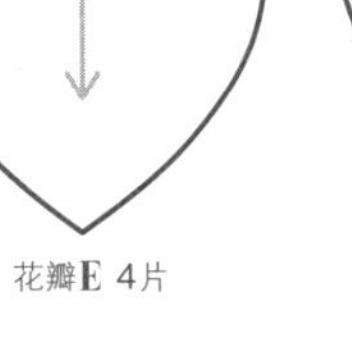

叶子2片

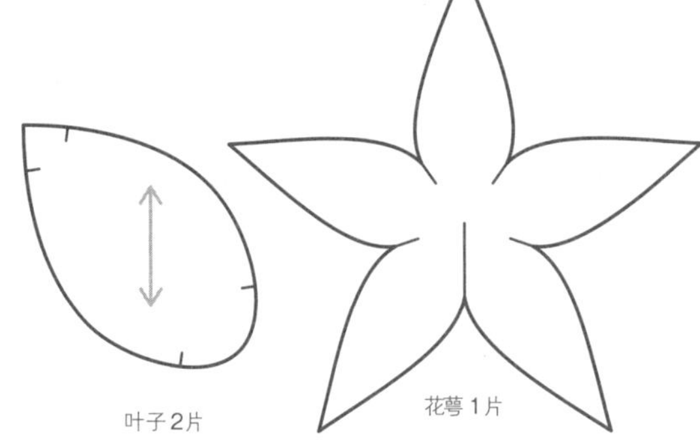

花萼1片

〈花瓣的粘贴方法〉

花瓣A
花瓣B
花瓣C
花瓣D、E
花蕊
2片两面画线的花瓣
前面

黑巴克月季

彩图 >>> *p.7*

Rose Black Baccara

完成尺寸(约):竖12cm/横(花部分)5cm

材料

粗棉麻布 …… 26cm×14cm(花瓣**A**~**E**、叶子、花萼)
普通麻布 …… 12cm×1cm(茎9.5cm×1cm、T形针固定用布2cm×1cm)
铁丝(白色)= 24号25cm×1根、11cm×2根/28号6cm×1根
苯乙烯圆珠 = 直径1.5cm1颗
胸饰别针(金古美1.7cm)=1个
丙烯酸颜料(LIQUITEX钛白色)

染料

Ⓐ-棕色1:黑色1:水15
Ⓑ-紫色2:红色2:黑色1:水3
Ⓒ-黑色2:棕色1:水3
Ⓔ-黄色1:棕色1:黑色1:水10
Ⓕ-黄色1:棕色1:黑色1:水3
※Ⓔ、Ⓕ与p.49“爱杜尔·马奈月季”使用相同的染料。

烫花器

五分圆镘、新卷边镘、勿忘我花镘(大)

准备

- 使用纸样,裁剪各部件(参照p.38)。
- 花瓣**A**~**E**、叶子的标记间用剪刀进行锯齿形花纹裁剪,然后用砂纸打磨(参照p.38)。

染色

〈花瓣〉参照p.39步骤**6~12**进行染色。

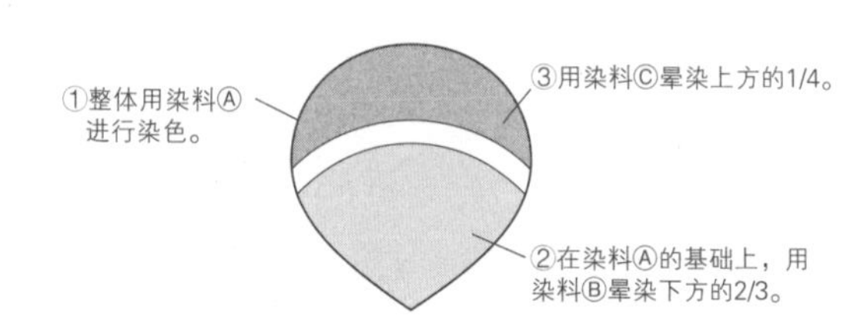

〈叶子、花萼、茎、T形针固定用布、28号铁丝〉参照p.41步骤**22~26**,用染料Ⓔ、Ⓕ进行染色。

纸样

※临摹到透明纸上,贴到厚纸板上更容易使用。

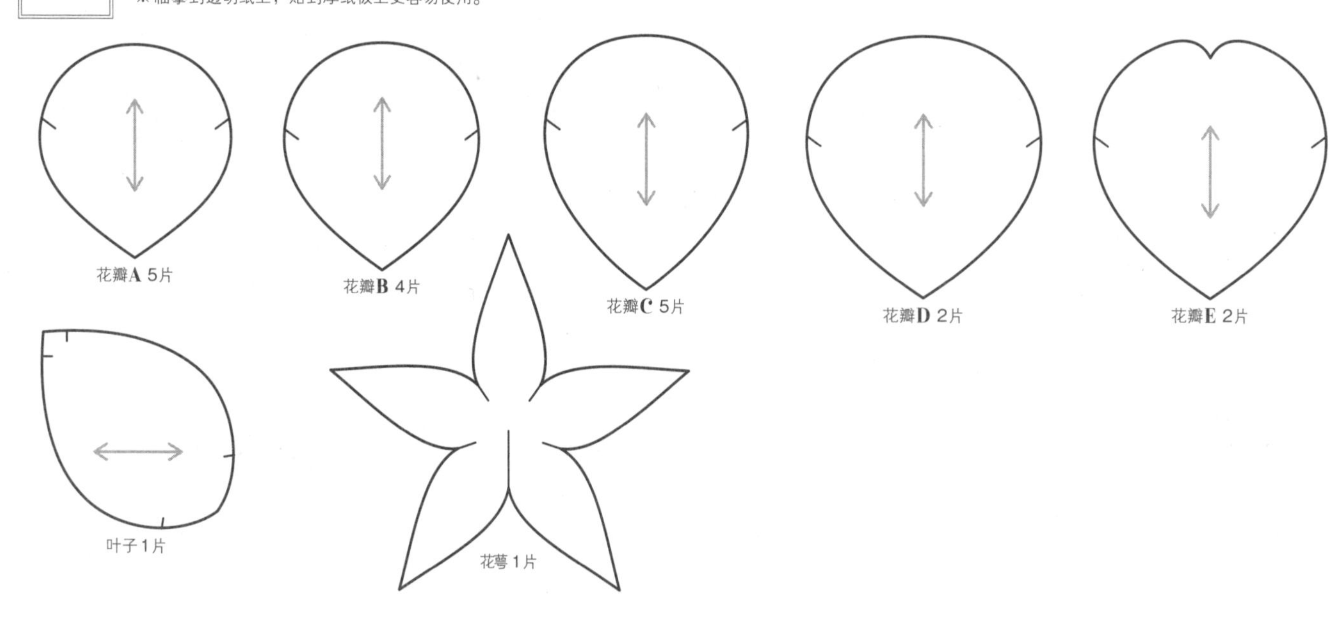

制作方法

1. 使用烫花器进行烫压（参照p.42、43 步骤**29~39**）。

〈花瓣**A**、**B**〉

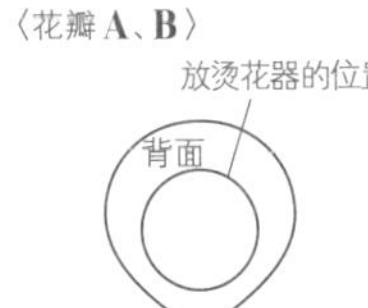

用五分圆镘从背面进行烫压

〈花瓣**C**、**D**、**E**〉

②把新卷边镘从正面竖着放置，往下摁压，然后往右（或者往左）滑动进行烫压（参照p.42 步骤**36**、**37**）。

③使用新卷边镘从正面进行烫压，使边缘卷起来。

①用勿忘我花镘（大）从背面进行烫压。

〈步骤①～③之后，烫压过的花瓣**C**、**D**各1片〉

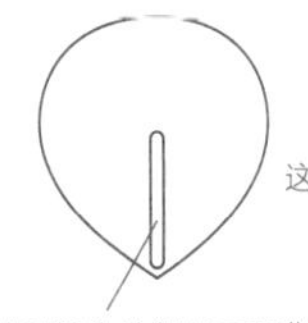

这2片花瓣称为**C**1、**D**1。

④使用新卷边镘从正面进行烫压（参照p.43步骤**39**）。

2. 把铁丝粘贴到叶子上。

把28号铁丝夹到叶子之间并粘贴上，然后用新卷边镘进行烫压。
铁丝裁成4.5cm的长度（参照p.43步骤**40~42**）。

3. 制作花的中心，然后粘贴花瓣。

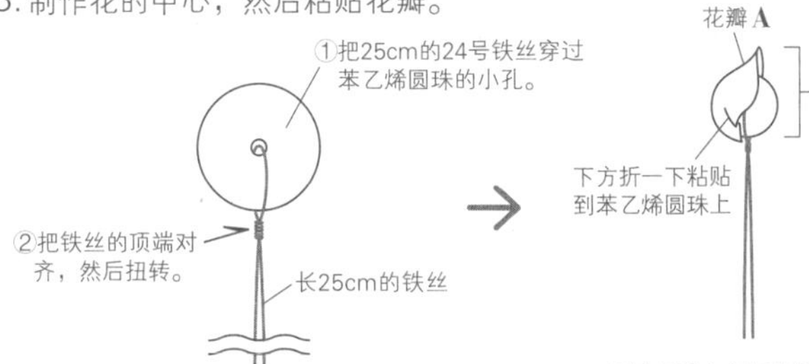

用速干黏合剂把花瓣**A**粘贴到苯乙烯圆珠上。在花瓣背面下方1/2处涂上黏合剂，2片花瓣相对着粘贴。整体的长度如图所示调整为2.2cm左右

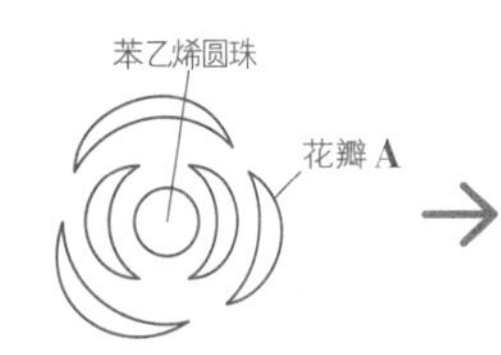

在花瓣**A**3片的底部涂上黏合剂均匀粘贴上

把4片花瓣如图粘贴一圈，粘贴完后，把花瓣的上方轻轻朝向外侧

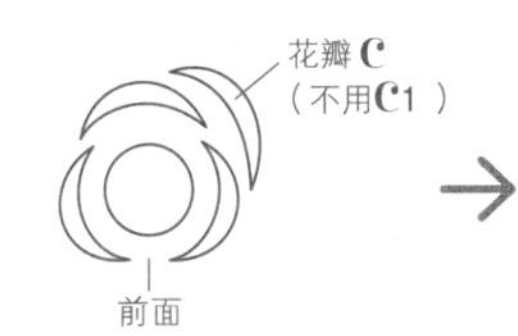

把3片花瓣粘贴一圈，决定花的前面。
然后右边再粘贴1片（参照p.45步骤**57**）

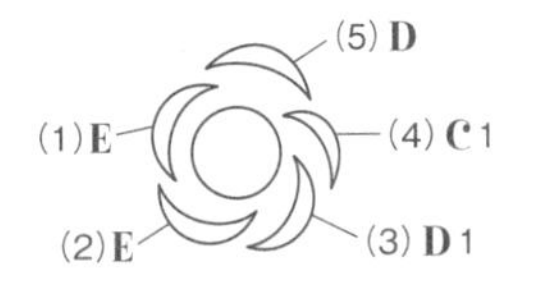

花瓣**C**～**E**
按照(1)～(5)的顺序进行粘贴

前

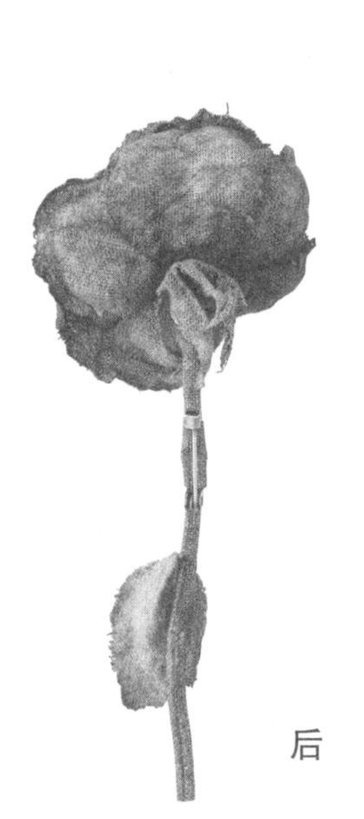

后

4. 制作茎。

把2根11cm的24号铁丝放到花的下方，用白色黏合剂粘贴（参照p.45步骤**59**、**60**）。
※此后的制作步骤按照p.45、46步骤**61~71**的方法。

钩针花边月季

Rose Crochet

彩图 >>> *p.6*

完成尺寸（约）：竖12.5cm/横（花部分）5cm

材料

粗棉麻布 …… 28cm × 15cm（花瓣**A** ~ **F**、叶子、花萼）
普通麻布 …… 12cm × 1cm（茎10cm × 1cm、T形针固定用布2cm × 1cm）
薄丝绸（固糊）…… 8cm × 0.5cm
铁丝（白色）= 26号14cm × 7根/28号6cm × 1根
线状粗式花蕊（白色）= 1/2根 × 16
胸饰别针（金古美 1.7cm）= 1个
丙烯酸颜料（LIQUITEX 钛白色）

染料

Ⓐ - 黄色7：棕色1：黑色1：水150
Ⓑ - 黄色7：棕色1：黑色1：水50
Ⓒ - 黄色7：棕色1：黑色1：水10
Ⓓ - 黄色6：粉红色1：水80
Ⓔ - 绿色3：黄色3：棕色1：水5
Ⓕ - 黄色2：绿色2：棕色1：水3
Ⓖ - 黄色2：橄榄绿色1：棕色1：水10
Ⓗ - 黄色2：棕色2：黑色1：水40
Ⓘ - 黄茶色（Roapas Spiran液体染料）1：乙醇15

烫花器

勿忘我花镘（大）、勿忘我花镘（小）、新卷边镘
使用吹风机

准备

- 使用纸样，裁剪各部件（参照p.38）。
- 花瓣**C** ~ **F**、叶子的标记间用剪刀进行锯齿形花纹裁剪，然后用砂纸打磨。只有花瓣**A**、**B**使用砂纸打磨（参照p.38）。

染色

〈花瓣〉参照p.39步骤**6~12**进行染色。

〈花瓣**A**、**B**、**C**〉

②用染料Ⓓ进行晕染。

①整体用染料Ⓐ进行染色。

〈花瓣**D**、**E**、**F**〉

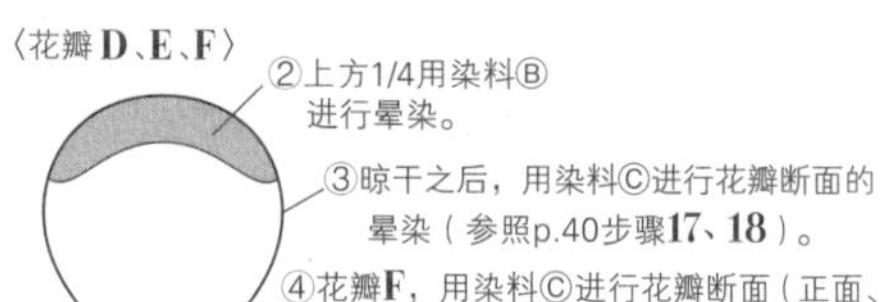

〈经过步骤①～④染色的3片花瓣**F**〉

①用染料Ⓔ画出花样。用晕染毛刷1号蘸少许染料，在3片花瓣的正面和背面掠过般呈放射状画线。

〈叶子、花萼〉

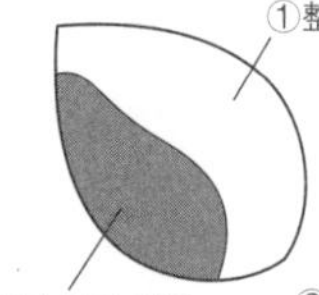

③花萼在湿的状态下用吹风机对其进行造型。（参照p.41步骤**27**、**28**）。

〈其他〉参照p.41步骤**22~26**染色。
茎、T形针固定用布=用染料Ⓗ整体染色，然后再继续用染料Ⓕ整体染色
28号铁丝=染料Ⓕ
薄丝绸=染料Ⓐ
花蕊=染料Ⓘ

纸样

※临摹到透明纸上，贴到厚纸板上更容易使用。

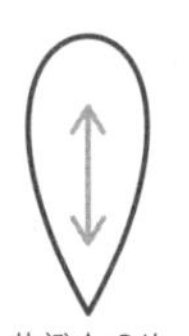

花瓣**A** 6片

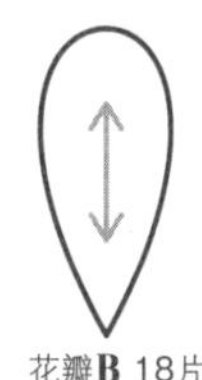

花瓣**B** 18片

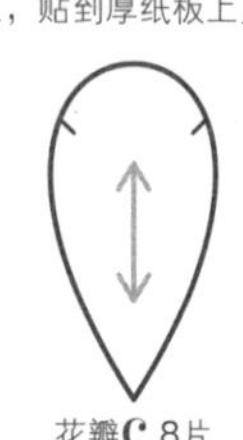

花瓣**C** 8片

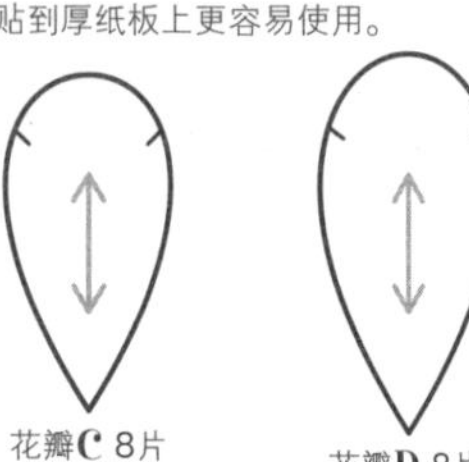

花瓣**D** 8片

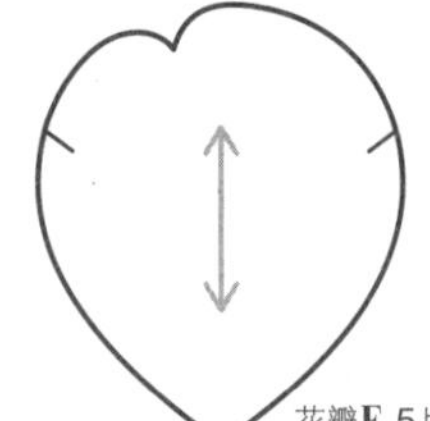

花瓣**E** 5片

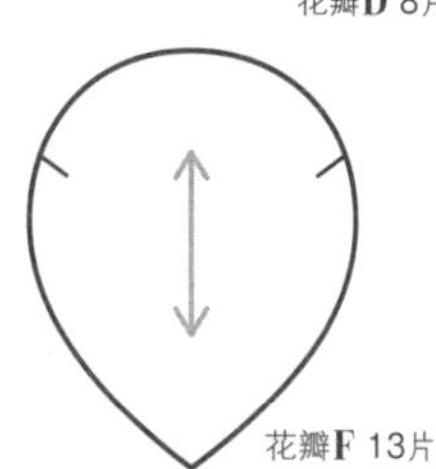

花瓣**F** 13片

叶子 1片

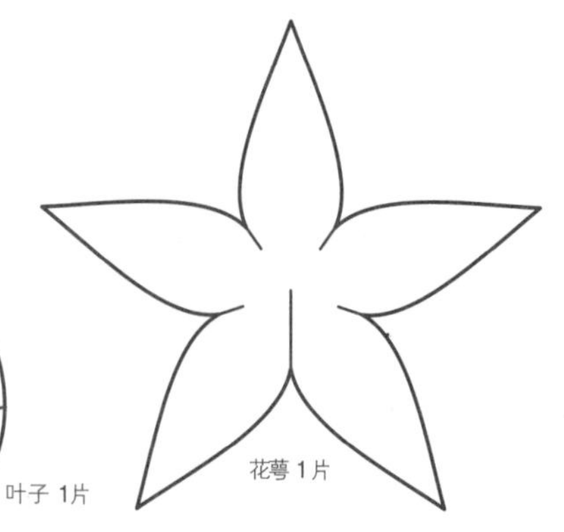

花萼 1片

制作方法

1. 使用烫花器进行烫压（参照p.42、43步骤**29~39**）。

〈花瓣**A**、**B**、**C**、**D**〉

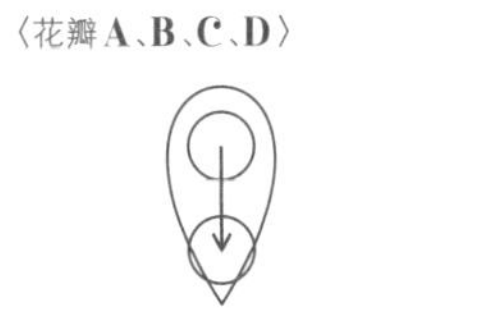

用勿忘我花镘（小）从背面进行烫压。
此时，用折弯烫压垫进行制作更方便

〈花瓣**E**〉

②使用新卷边镘从正面开始烫压，使其中一处边缘卷边展开。

①用勿忘我花镘（大）从背面进行烫压。

〈花瓣**F**〉

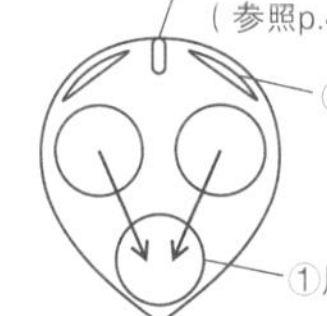

②把新卷边镘从正面竖着放置，往下摁压，然后往右（或者往左）滑动进行烫压（参照p.42步骤**36**、**37**）。

③使用新卷边镘从正面开始烫压，6片花瓣的其中两处边缘卷边展开，4片花瓣的其中一处边缘卷边展开。

①用勿忘我花镘（大）从背面进行烫压。

〈3片两面画线的花瓣**F**〉

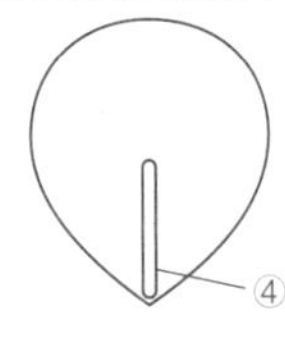

上述步骤①～③烫压之后，再把新卷边镘往下侧的中心处摁压进行烫压（参照p.43步骤**39**）。

④使用新卷边镘从正面往下摁压，进行烫压。

2. 把铁丝粘贴到叶子上。

①把28号铁丝夹到叶子之间并粘贴上，然后用新卷边镘进行烫压。
②铁丝裁成4.5cm的长度（参照p.43步骤**40~42**）。

前

3. 制作花的中心（参照p.43、44步骤**43~46**）。

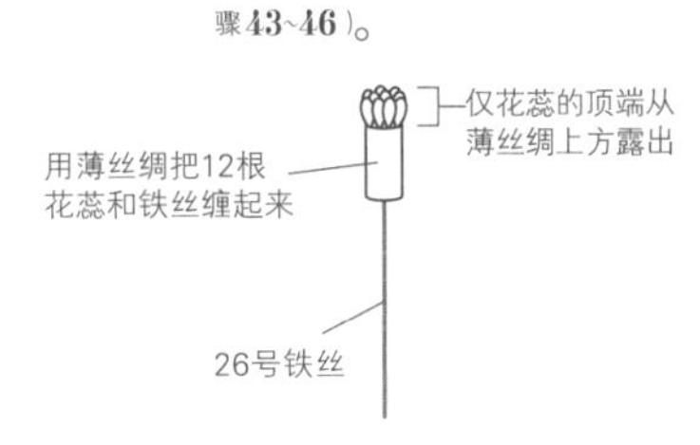

4. 把铁丝粘贴到花瓣上。

花瓣**A**（正面）
26号铁丝
花瓣底部涂上速干黏合剂，把铁丝夹进去粘贴

①把1片花瓣**A**和26号铁丝粘贴到一起。

花瓣**A**（背面）
花瓣**B**（正面）
对齐粘贴

②在花瓣**B**的底部涂上黏合剂，如图所示与花瓣**A**底部对齐进行粘贴。这样的部件制作6组。

花瓣**B**（背面）

③在2片花瓣**B**的底部涂上黏合剂，如图所示横着错开粘贴。这样的部件制作6组。

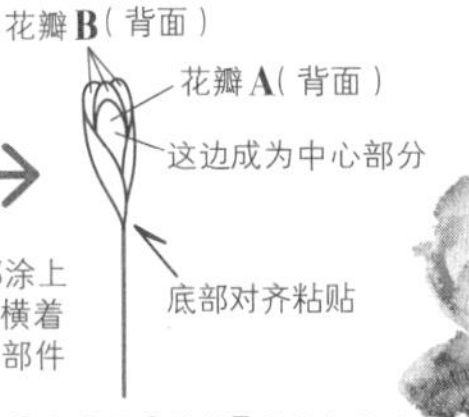

④在步骤③花瓣**B**的底部涂上黏合剂，粘贴到步骤②的后面。

5. 粘贴花瓣。

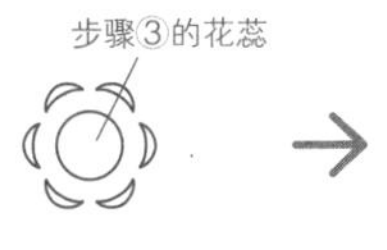

①以步骤3的花蕊为中心，把步骤4的6组部件（花瓣**A**成为中心部分）如图摆放一圈捆起来。在花瓣底部7根铁丝上涂上白色黏合剂，用薄丝绸缠一圈。

2片花瓣**C**横着错开粘贴，成为1组部件。

②如图所示将2片花瓣**C**横着错开粘贴，这样的部件制作4组，然后用速干黏合剂粘贴一圈。

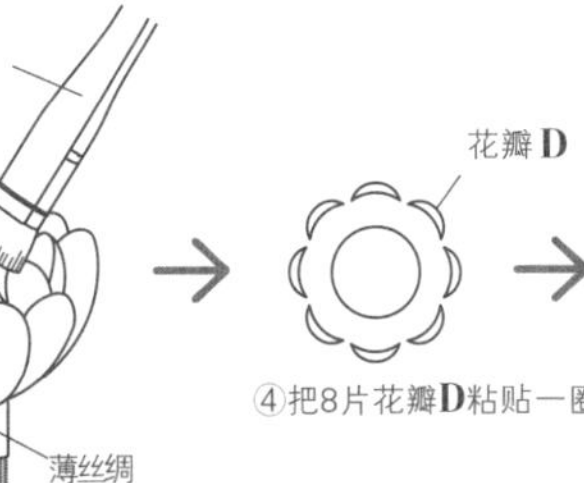

③花瓣边缘断面用染料Ⓒ整体轻轻晕染。

花瓣**D**

④把8片花瓣**D**粘贴一圈。

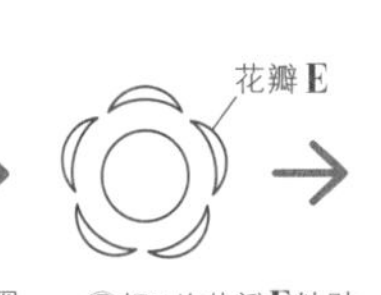

⑤把5片花瓣**E**粘贴一圈。

后

花瓣**F**

⑥把8片花瓣**F**（不包括3片两面画线的花瓣），粘贴一圈。然后转动一圈花，确定花的前面。

前面

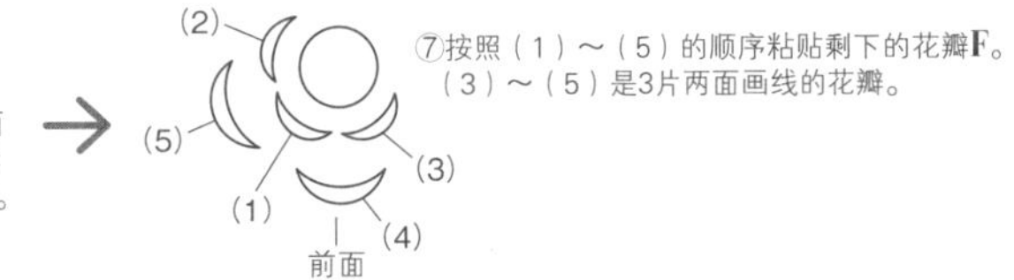

⑦按照（1）～（5）的顺序粘贴剩下的花瓣**F**。（3）～（5）是3片两面画线的花瓣。

6. 制作茎。

※此后的制作步骤参照p.45、46步骤**61~71**。

银莲花

彩图 >>> p.8、9

Anemone

完成尺寸（约）：竖12.5cm/横（花部分）3.5cm

材料

粗棉麻布 …… 28cm × 8cm（花瓣**A** ~ **C**、叶子）
普通麻布 …… 12cm × 1cm（茎 10cm × 1cm、T形针固定用布 2cm × 1cm）
薄丝绸（固糊）…… 5cm × 0.5cm
线状粗式花蕊（黑色）= 1/2 根 × 40
含羞草花蕊（中 / 白色）= 1/2 根 × 1（底部裁剪为0.3cm）
铁丝（白色）= 24 号12cm × 5根
胸饰别针（金古美 1.7cm）= 1个
丙烯酸颜料（LIQUITEX 钛白色）

染料

Ⓐ-黄色2：棕色1：黑色1：水100
Ⓑ-红紫色1：紫色1：黑色1：水3
Ⓒ-黄色4：绿色4：棕色1：水10
Ⓓ-黄色2：棕色2：黑色1：水20
Ⓔ-黑色1

烫花器

一筋镘（小）、勿忘我花镘（小）、新卷边镘

准备

- 使用纸样，裁剪各部件（参照p.38）。
- 花瓣**A** ~ **C**的标记间用剪刀进行锯齿形花纹裁剪，然后用砂纸打磨（参照p.38）。

染色

〈花瓣〉参照p.39步骤**6~12**进行染色。

〈花瓣**A**、**B**、**C**〉

①整体用染料Ⓐ进行染色。

②用染料Ⓑ进行晕染。从下往上渐渐变淡地晕染花瓣下方的2/3。

〈其他〉参照p.41步骤**22~26**进行染色。

〈叶子〉

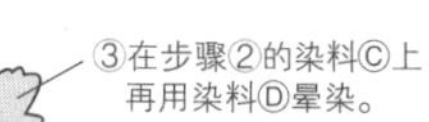

③在步骤②的染料Ⓒ上再用染料Ⓓ晕染。

③

②用染料Ⓒ在步骤①的基础上稍微重叠着染上方的2/3。

①用染料Ⓓ染下方1/3。

在步骤②用染料Ⓒ染色之后，再继续用染料Ⓓ进行晕染。
茎、T形针固定用布=染料Ⓓ
含羞草花蕊（中）=染料Ⓔ
薄丝绸=染料Ⓔ

纸样

※临摹到透明纸上，贴到厚纸板上更容易使用。

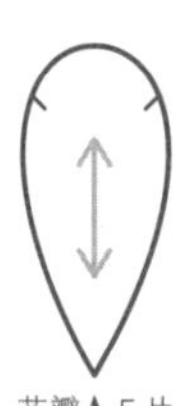

花瓣**A** 5片

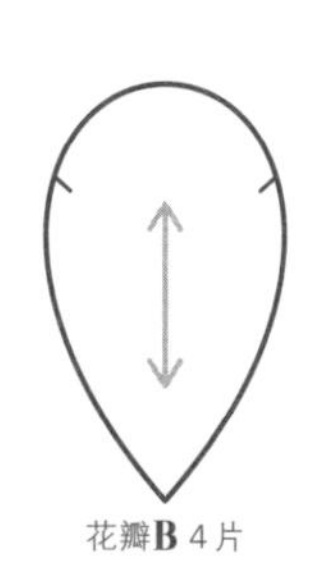

花瓣**B** 4片

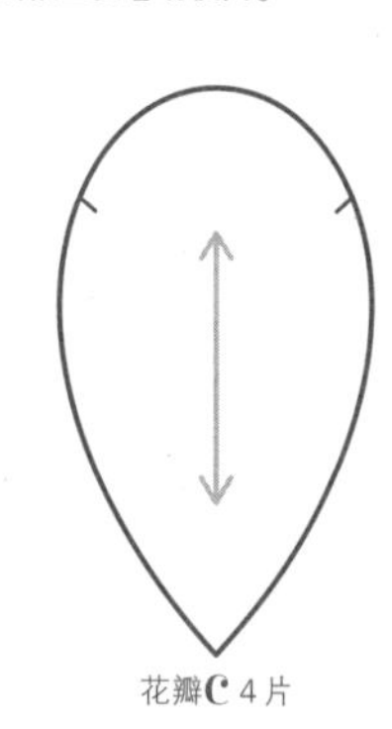

花瓣**C** 4片

叶子3片

制作方法

1. 使用烫花器进行烫压（参照p.42、43 步骤29~39）。

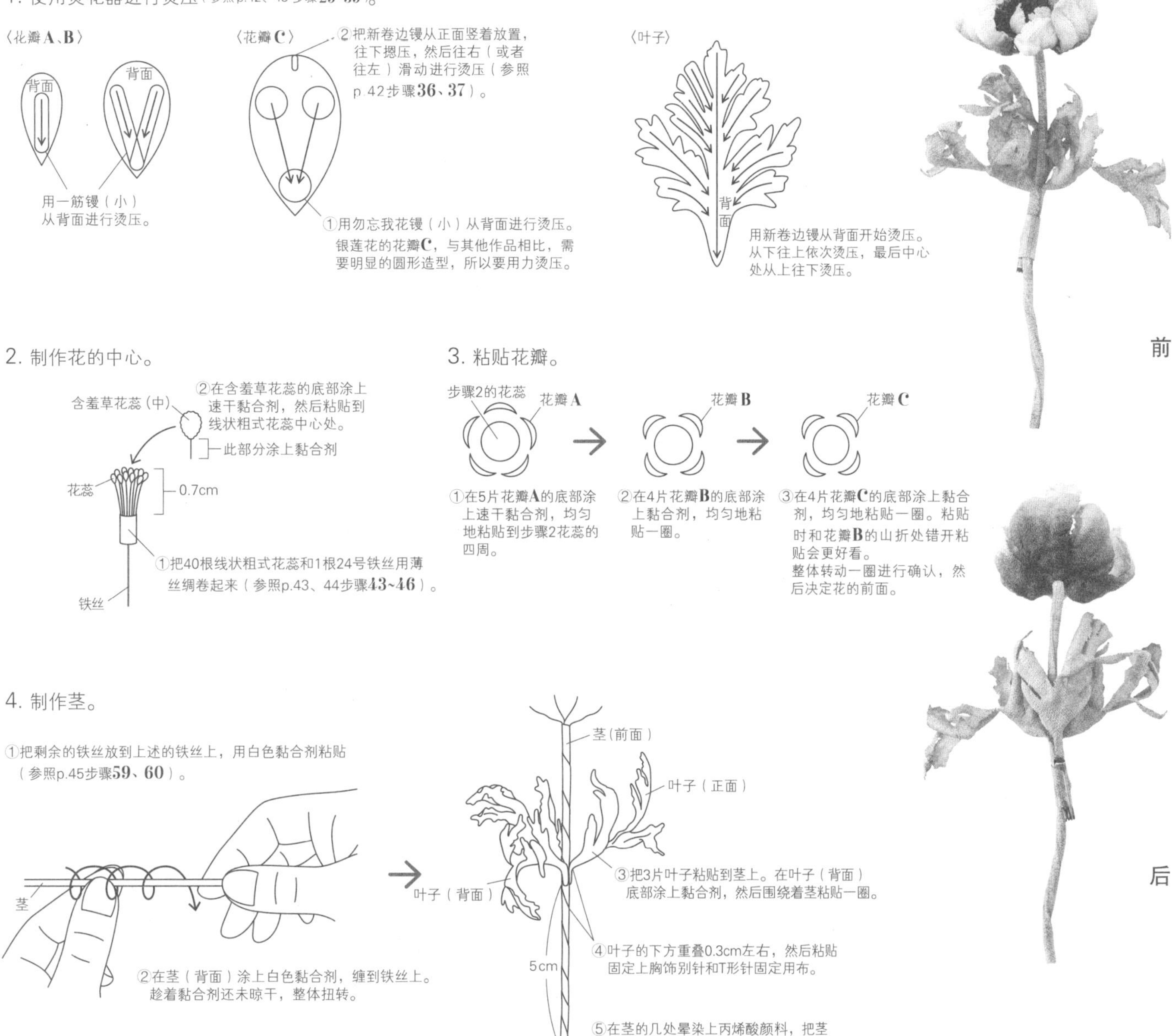

鼠曲草

彩图 >>> p.10

Pseudognaphalium affine

完成尺寸(约)：竖15cm/横(花部分)3.5cm

材料

粗棉麻布 …… 15cm×8cm(花瓣**A**～**C**、叶子大和小、T形针固定用布)
普通麻布 …… 13cm×1.5cm(2根茎13cm×0.6cm)
铁丝(白色)= 28号 15cm×4根、2.5cm×3根
含羞草花蕊(中/白色)= 1/2 根 ×6
胸饰别针(金古美1.7cm)= 1个
丙烯酸颜料(LIQUITEX钛白色，TURNER古铜色、黑金色)

染料

Ⓐ-黄色4：棕色1：黑色1：水200
Ⓑ-黄色4：绿色2：棕色1：水3
Ⓒ-黄色1：绿色1：棕色1
Ⓓ-黄色4：棕色1：黑色1：水150

烫花器

铃兰花镘(小)

准备

- 使用纸样，裁剪各部件(参照p.38)。
- 花瓣**C**下方的断面涂上白色黏合剂加固。等晾干之后抽掉几根纬线。

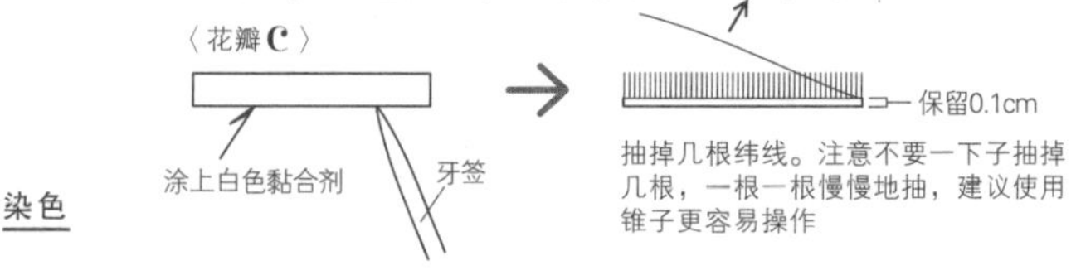

染色

〈花瓣、叶子、T形针固定用布〉参照p.39、40 步骤**6~21**进行染色。

①整体用染料Ⓐ进行染色，完全晾干。
②13片花瓣**B**用铅笔画出中心点，用染料Ⓑ从中心呈放射状画出15根纹理，用染料Ⓒ画出直径1~1.5mm的中心点。
③用染料Ⓑ给花瓣**C**(正面)的各处进行晕染。

花瓣**B**(正面)
中心点
毛刷
花瓣**C**(正面)
各处进行晕染

〈其他〉参照p.41 步骤**22~26** 进行染色。
花蕊=用染料Ⓑ给花蕊顶端染色，用笔和染料Ⓐ给花蕊底部染色
茎=染料Ⓓ
铁丝=染料Ⓓ
15cm长的铁丝一端染2cm，2.5cm长的铁丝整体染色。

纸样

※临摹到透明纸上，贴到厚纸板上更容易使用。

ⓐ…鼠曲草 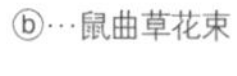 ⓑ…鼠曲草花束
ⓒ…鼠曲草耳饰

花瓣**A** ⓐ6片
ⓑ36片
ⓒ10片

花瓣**B** ⓐ20片
ⓑ72片
ⓒ26片

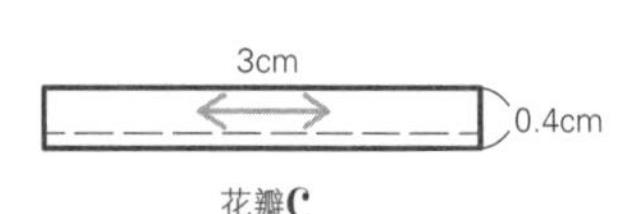

花瓣**C**
ⓐ6片 ⓑ36片 ⓒ10片

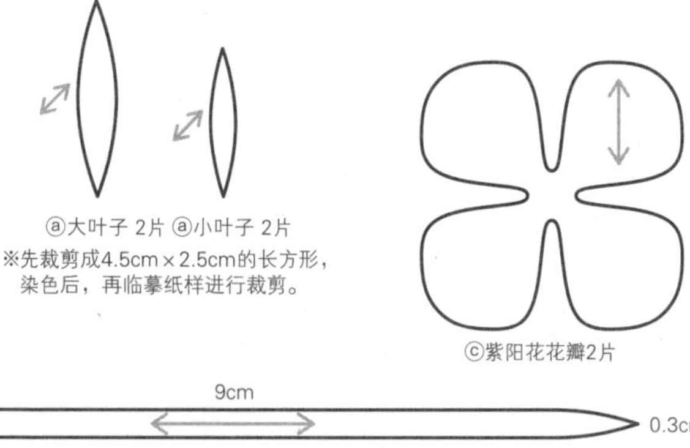

ⓐ大叶子 2片 ⓐ小叶子 2片
※先裁剪成4.5cm×2.5cm的长方形，染色后，再临摹纸样进行裁剪。

ⓒ紫阳花花瓣2片

9cm
0.3cm

ⓐT形针固定用布1片

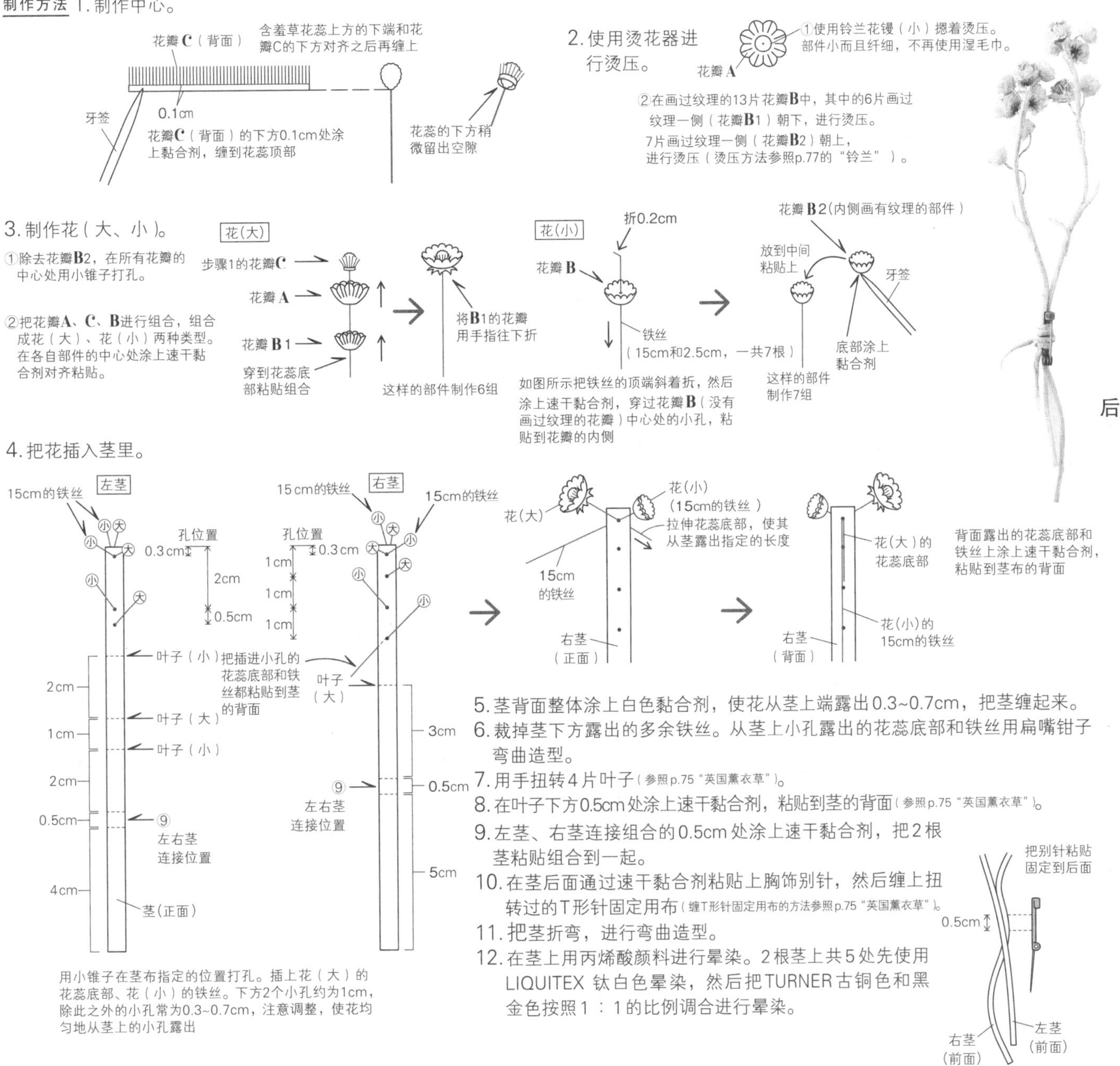

5.茎背面整体涂上白色黏合剂，使花从茎上端露出0.3~0.7cm，把茎缠起来。
6.裁掉茎下方露出的多余铁丝。从茎上小孔露出的花蕊底部和铁丝用扁嘴钳子弯曲造型。
7.用手扭转4片叶子（参照p.75“英国薰衣草”）。
8.在叶子下方0.5cm处涂上速干黏合剂，粘贴到茎的背面（参照p.75“英国薰衣草”）。
9.左茎、右茎连接组合的0.5cm处涂上速干黏合剂，把2根茎粘贴组合到一起。
10.在茎后面通过速干黏合剂粘贴上胸饰别针，然后缠上扭转过的T形针固定用布（缠T形针固定用布的方法参照p.75“英国薰衣草”）。
11.把茎折弯，进行弯曲造型。
12.在茎上用丙烯酸颜料进行晕染。2根茎上共5处先使用LIQUITEX 钛白色晕染，然后把TURNER古铜色和黑金色按照1：1的比例调合进行晕染。

鼠曲草花束

彩图 >>> *p.11*

完成尺寸(约)：竖13cm/横(花部分)6cm

材料

粗棉麻布 …… 28cm×15cm(花瓣**A**～**C**、丝带25cm×2.5cm)
普通麻布 …… 10cm×5cm(9根茎10cm×0.5cm)
薄丝绸(固糊)…… 10cm×5cm(10根10cm×0.5cm)
含羞草花蕊(中/白色)= 1/2根×36
铁丝(白色)= 28号11cm×9根、2.5cm×18根
胸饰别针(金古美2.5cm)= 1个
丙烯酸颜料(LIQUITEX钛白色)

染料、烫花器、准备、染色参照p.56鼠曲草
使用吹风机

※花瓣**A**～**C**染色晾干之后，在54片花瓣**B**上画上纹理和中心点。
※薄丝绸用染料Ⓓ染色。
※丝带用染料Ⓐ染色。

纸样参照p.56

制作方法

1. 制作丝带(参照p.48)。
2. 参照“鼠曲草”的步骤**1~3**，制作36朵花(大)，使用2.5cm铁丝制作18朵花(小)。所有组合完成之后，把花蕊底部和铁丝裁成2cm。
3. 把4朵花(大)、2朵花(小)捆到一起，放上11cm铁丝，涂上白色黏合剂，缠上薄丝绸。然后在上面缠上茎布，这样的部件制作9组。

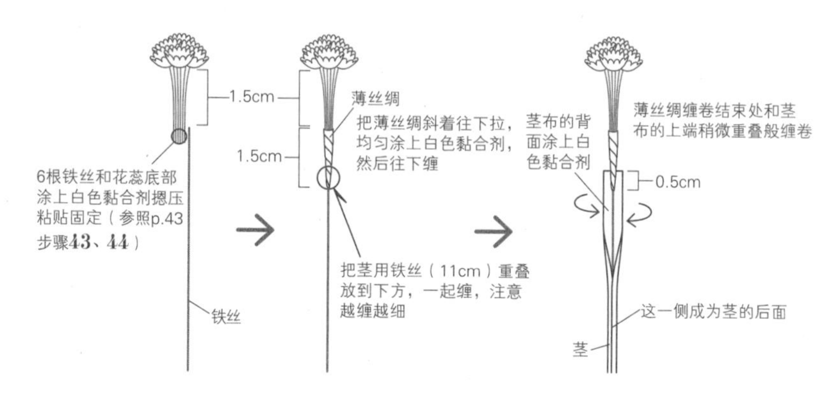

4. 把步骤**3**的花捆起来。

5. 丝带打结，用黏合剂粘贴固定。

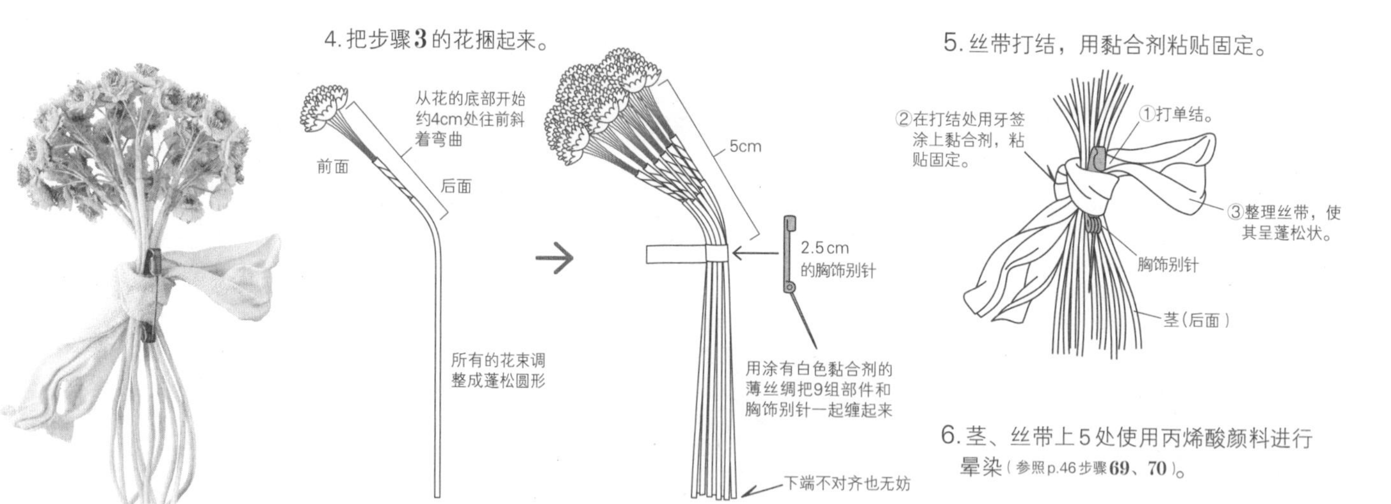

6. 茎、丝带上5处使用丙烯酸颜料进行晕染(参照p.46步骤**69**、**70**)。

后

鼠曲草耳饰

彩图 >>> *p.11*

完成尺寸（约）：竖3.5cm/横2.5cm

※该作品，在鼠曲草之间加上紫阳花。

前

后

材料

粗棉麻布……15cm×10cm（鼠曲草花瓣**A**～**C**、紫阳花花瓣）
含羞草花蕊（中/白色）=1/2根×10
铁丝（白色）=28号2.5cm×6根、8cm×2根
T形针（金古美0.5mm×20mm）=2个
耳饰金属部件（圆盘形/金古美15cm）=1组

染料

参照p.56鼠曲草的染料Ⓐ～Ⓓ。
Ⓔ-黄色3：棕色1：黑色1：水30

烫花器

铃兰花镘（小）、卷边镘

准备

- 参照“鼠曲草”，裁剪布，抽掉花瓣C的几根纬线。
- 紫阳花花瓣2片重叠到一起裁剪，用砂纸进行打磨（参照p.38步骤**1~5**）。

染色

〈鼠曲草〉
- 8片花瓣**B**参照“鼠曲草”画纹理和中心点。
- 花蕊顶端使用染料Ⓑ进行染色。

〈紫阳花〉
- 花用染料Ⓐ进行整体染色，用染料Ⓔ给花瓣顶端1/2处进行晕染。

纸样参照p.56

制作方法

1. 参照“鼠曲草”的步骤**1~3**，制作10朵花（大）和8朵花（小）。8片画过纹理的花瓣**B**用来制作花（小）。制作耳饰的时候，看不见花瓣的背面，所以制作花（大）的花瓣**B**不用画纹理。
2. 参照p.65，烫压紫阳花花瓣，安装T形针。
3. 把花部件固定到圆盘形耳饰金属部件上。1个耳饰上需要5朵花（大）、4朵花（小）（包含1根8cm的铁丝）。

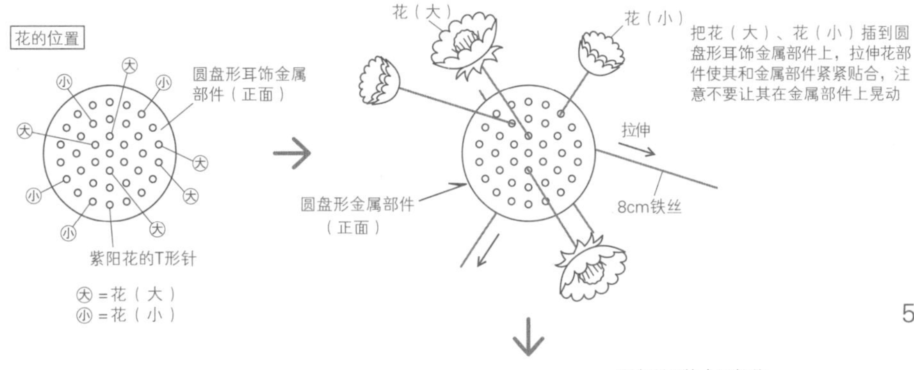

4. 把紫阳花的T形针安装到圆盘形耳饰金属部件上。

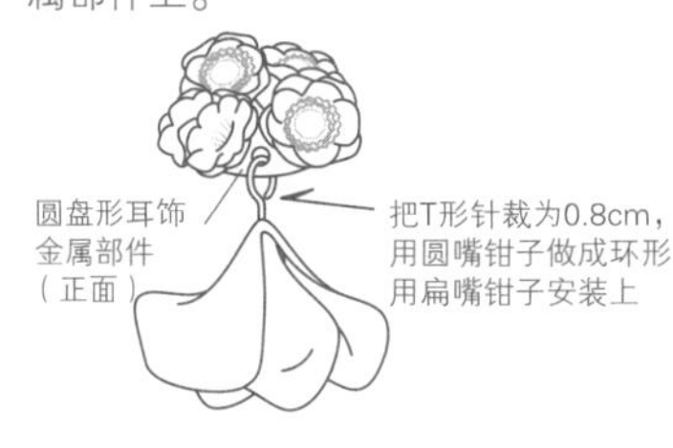

5. 把圆盘形耳饰金属部件安装到底座上，用扁嘴钳子把爪折弯进行固定。步骤**3**的背面处理后，会有一定的厚度，无法完全放进底座时，用扁嘴钳子轻轻摁压正面花，注意不要破坏花的造型。

芍药

彩图 >>> p.12、13

Paeonia lactiflora

完成尺寸(约)：竖14.5cm/横(花部分)5cm

材料

粗棉麻布 …… 35cm × 25cm（花瓣**A** ~ **D**、叶子、花萼）
普通麻布 …… 13cm × 1cm（茎 10.5cm × 1cm、T形针固定用布 2cm × 1cm）
薄丝绸（固糊）…… 5cm × 0.5cm
铁丝（白色）= 24号 13cm × 5根
含羞草花蕊（中/白色）= 1/2 根 × 20
胸饰别针（金古美 2.5cm）= 1个
丙烯酸颜料（LIQUITEX 钛白色）

染料

Ⓐ-黄色4：棕色1：黑色1：水60
Ⓑ-黑色3：粉红色1：水50
Ⓒ-棕色2：黑色2：黄色1：水100
Ⓓ-绿色3：橄榄绿色2：棕色1：水15
Ⓔ-黄色2：棕色1：橄榄绿色1：水20
Ⓕ-黄茶色（Roapas Spiran液体染料）1：乙醇15

烫花器

勿忘我花镘（大）、勿忘我花镘（小）、新卷边镘
使用吹风机

准备

- 使用纸样，裁剪各部件（参照p.38）。
- 花瓣**A** ~ **D**的标记间用剪刀进行锯齿形花纹裁剪，然后用砂纸打磨（参照p.38）。

染色

〈花瓣〉参照p.39步骤**6~12**进行染色。

整体用染料Ⓐ进行染色，用
染料Ⓑ晕染花瓣上方的1/2。

〈叶子〉

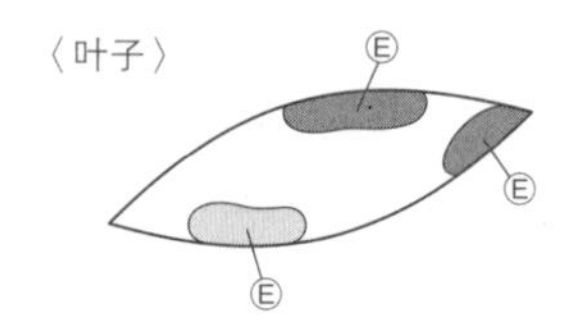

①整体用染料Ⓒ进行染色。
②从上方开始整体用染料Ⓓ进行染色。
③几处用染料Ⓔ进行晕染。

〈茎、花萼、T形针固定用布〉也按照上述顺序进行染色。
※花萼和叶子在弄湿状态下进行造型（参照p.41、47）。
花萼2处长的顶端用吹风机，剩余的3处不用吹风机，按照同样方法扭转做出造型。

〈其他〉参照p.39步骤**12**、p.41步骤**26**进行染色。

薄丝绸＝染料Ⓐ
花蕊＝染料Ⓕ

纸样

※临摹到透明纸上，贴到厚纸板上更容易使用。

花瓣**A** 10片

花瓣**B** 15片

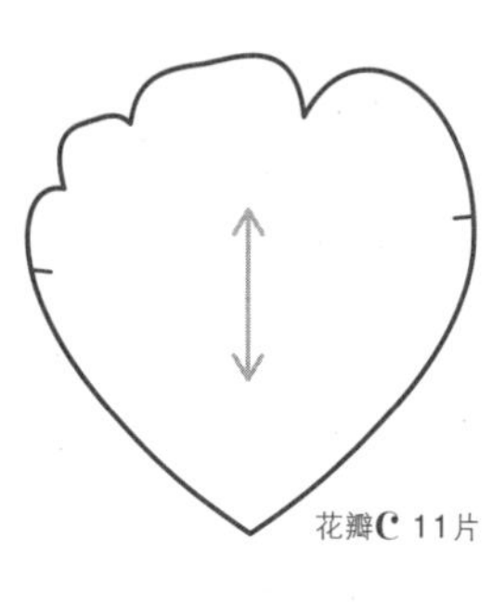

花瓣**C** 11片

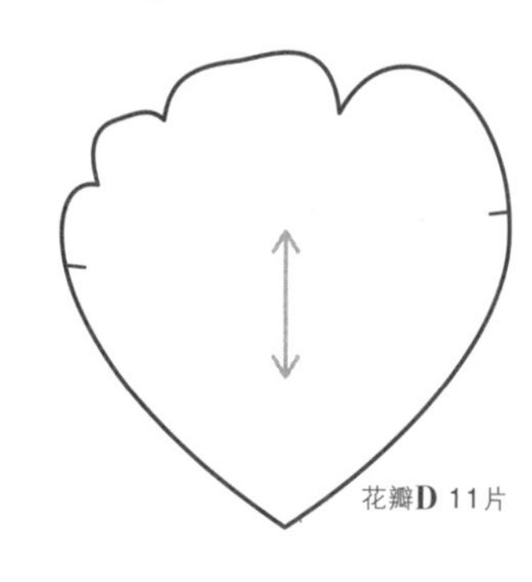

花瓣**D** 11片

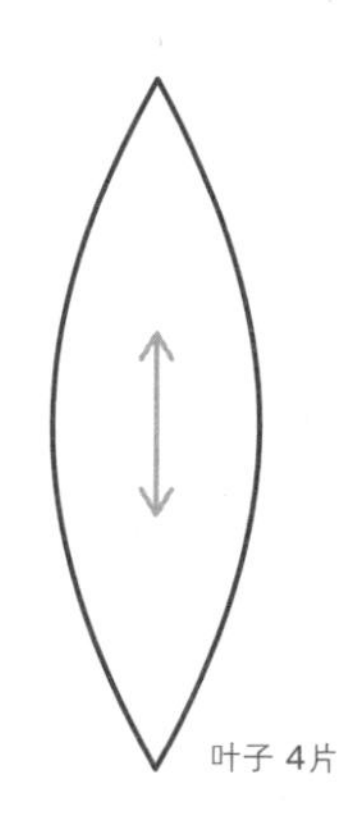

叶子 4片

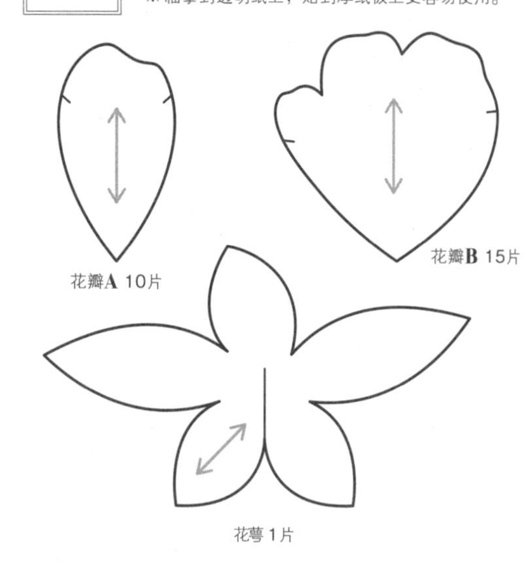

花萼 1片

制作方法

1. 使用烫花器进行烫压（参照p.42、43步骤29~39）。

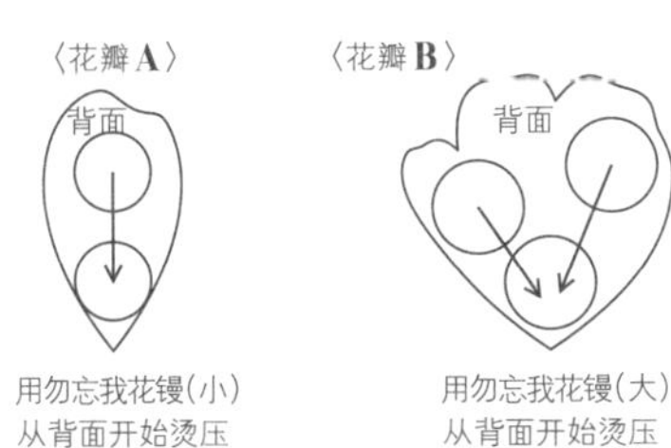

〈花瓣C〉

③使用新卷边镘从正面开始烫压，使边缘卷边展开。

②把新卷边镘从正面往下摁压进行烫压（参照p.42步骤36）

①用勿忘我花镘（大）从背面开始烫压。

④如图所示把5片花瓣C边缘卷边展开部分用手指摁压着折叠。

蓬松展开的边缘部分用手指摁压着

花瓣C、D
（正面）

〈花瓣D〉

③使用新卷边镘从正面开始烫压，使边缘卷边展开。

②把新卷边镘从正面往下摁压进行烫压（参照p.42步骤36）。

④把8片花瓣D边缘卷边展开部分用手指摁压着折叠。

①用勿忘我花镘（大）从背面开始烫压。

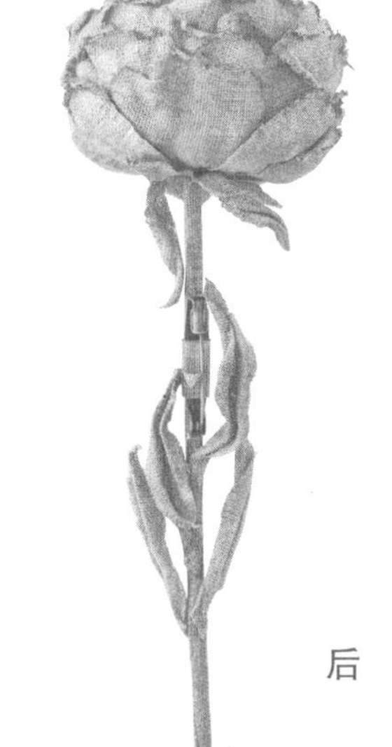

2. 制作花的中心。

把20根花蕊和1根24号铁丝用薄丝绸缠起来。
花蕊从薄丝绸的上方露出0.5cm左右（参照p.43、44步骤43~46）。

3. 粘贴花瓣。

①把2片花瓣A粘贴组合的部件制作5组（参照p.44步骤53）。
花蕊的四周粘贴2组，在此基础上四周再粘贴3组（参照p.44步骤49、50）。

②粘贴5片花瓣B。注意花瓣中心山折处错开粘贴（参照p.45步骤56）。
然后再粘贴5片。

③用手包裹着整体轻轻摁压整理其形状。

④把花瓣D的山折处错开粘贴，依次粘贴3片、4片、4片，整体用手摁压着整理其形状。

⑤粘贴4片花瓣C之后，再粘贴4片花瓣C。

⑥把2片花瓣B分别粘贴到前面和后面，把2片花瓣C分别粘贴到左边和右边。

⑦把1片花瓣C、3片花瓣B粘贴到前面。最后整体用手摁压着整理其形状。

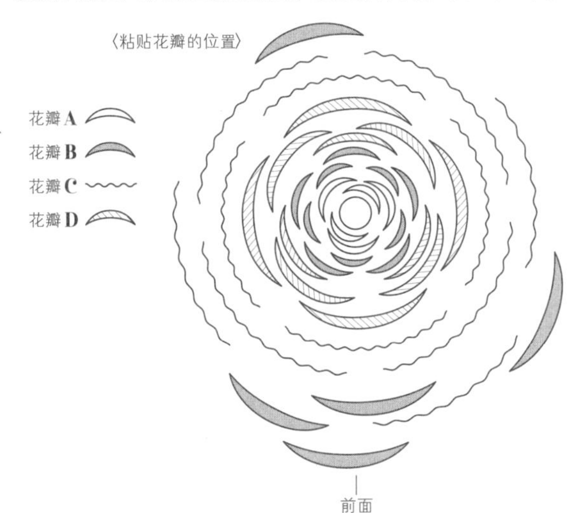

4. 制作茎（参照p.45、46步骤59~70）。

①把4根24号铁丝用白色黏合剂粘贴固定。

②缠上茎。

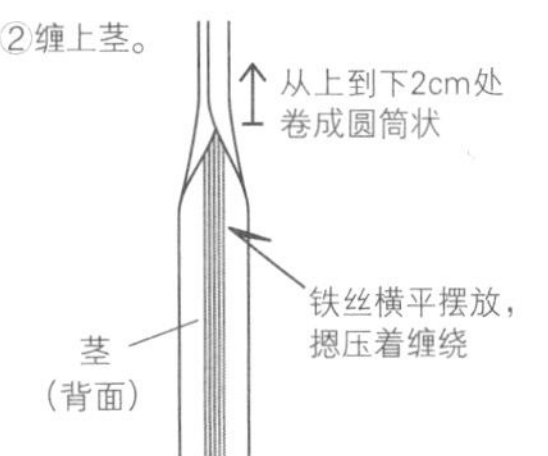

③在茎布上画上纹理并用砂纸打磨边缘，然后安装上T形针固定用布和胸饰别针。

④把花萼粘贴到花的下方。

⑤叶子一侧的顶端0.5cm处涂上速干黏合剂，粘贴固定到茎上。叶子正反面无妨。

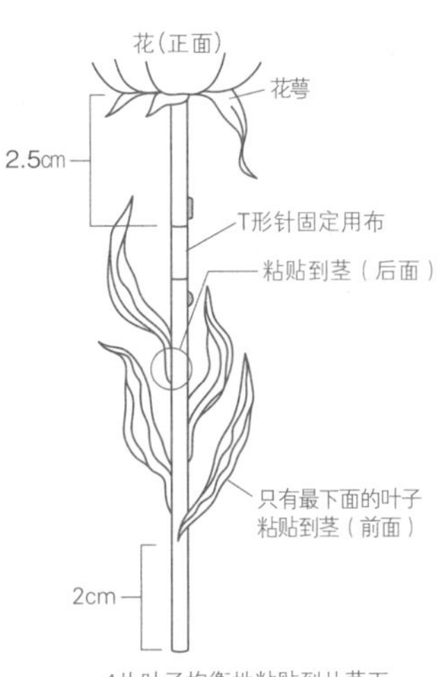

4片叶子均衡地粘贴到从茎下方开始的2~6cm之间

5. 用丙烯酸颜料在几处进行晕染。

带褶边三色堇

彩图 >>> p.14

Ruffled Pansy

完成尺寸(约):竖11cm/横(花部分)4cm

带褶边三色堇的单耳耳钉(左耳用)

彩图 >>> p.14

完成尺寸(约):竖4cm/横(花部分)4cm

材料

[带褶边三色堇]

粗棉麻布 …… 14cm×8cm(上、中、下花瓣,叶子,花萼)

普通麻布 …… 11cm×1cm(茎9cm×0.5cm、T形针固定用布1.5cm×1cm)

铁丝(白色)=24号11cm×1根、28号4cm×1根

百合花蕊(中/白色)=1根

胸饰别针(金古美1.7cm)=1个

丙烯酸颜料(LIQUITEX钛白色)

[带褶边三色堇的单耳耳钉]

粗棉麻布 …… 10cm×7cm(上、中、下花瓣,衬布)

百合花蕊(中/白色)=1根

耳扣(带小孔的金色)=1个

圆环(1.0mm×5mm金色)=1个

一般的珍珠耳钉=1个

染料(带褶边三色堇使用Ⓐ~Ⓖ,带褶边三色堇的单耳耳钉使用Ⓐ~Ⓒ、Ⓖ。)

Ⓐ-黄色1:水10

Ⓑ-紫色3:黑色1:红紫色1:水10

Ⓒ-紫色3:黑色1:红紫色1:水3

Ⓓ-黄色2:绿色2:棕色1:水3

Ⓔ-黄色2:橄榄绿色1:棕色1:水10

Ⓕ-棕色3:黑色1

Ⓖ-黄色(Roapas Spiran液体染料)1

烫花器(带褶边三色堇、带褶边三色堇的单耳耳钉通用)

新卷边镘、勿忘我花镘(大)

准备(带褶边三色堇、带褶边三色堇的单耳耳钉通用)

- 使用纸样,裁剪各部件(参照p.38)。
- 花瓣(上、中、下)的标记间、叶子四周,用砂纸打磨(参照p.38,不需要进行锯齿形花纹裁剪)。

染色(带褶边三色堇、带褶边三色堇的单耳耳钉花瓣通用)

〈花瓣〉参照p.39、40步骤**6~14**进行染色。

- 带褶边三色堇的单耳耳钉,染色时,用染料Ⓐ染衬布。

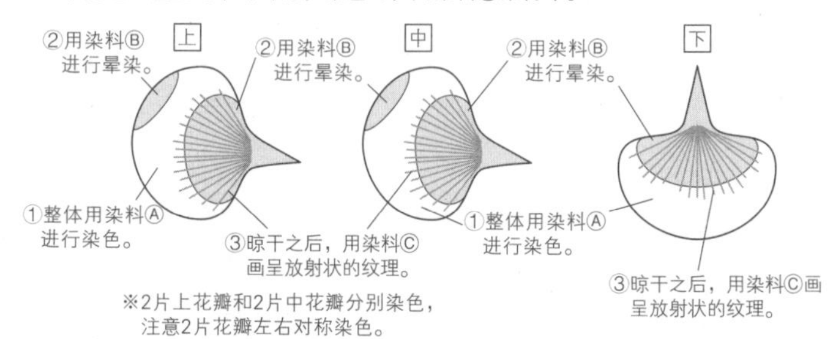

〈叶子〉参照p.39、40步骤**6~18**进行染色。

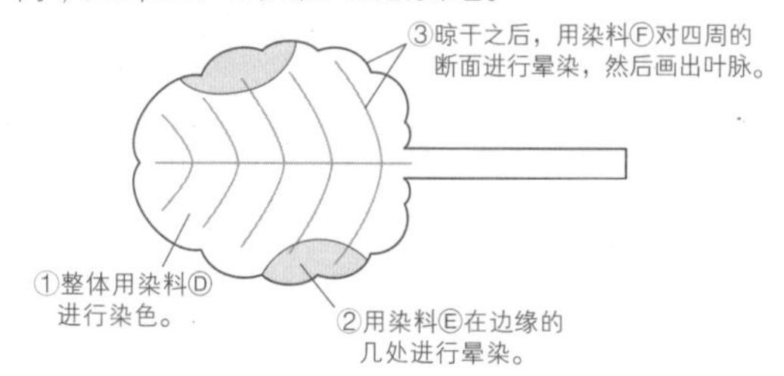

〈茎、花萼、T形针固定用布〉参照p.41步骤**24**进行染色。

- 用染料Ⓓ进行整体染色。

〈花蕊〉参照p.41步骤**26**进行染色。

- 用染料Ⓖ进行染色。

纸样

※临摹到透明纸上,贴到厚纸板上更容易使用。

ⓐ…带褶边三色堇 ⓑ…带褶边三色堇的单耳耳钉

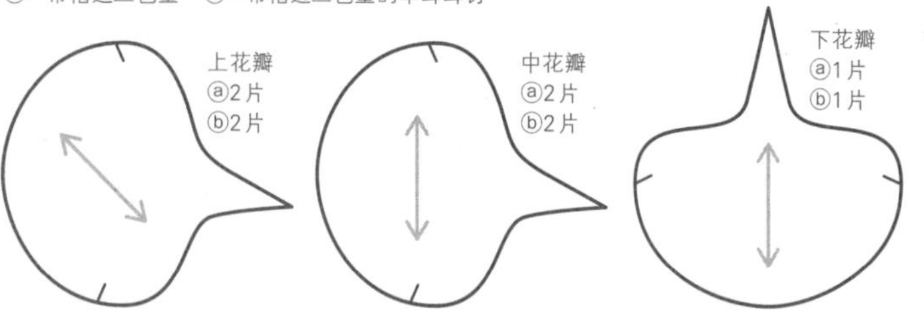

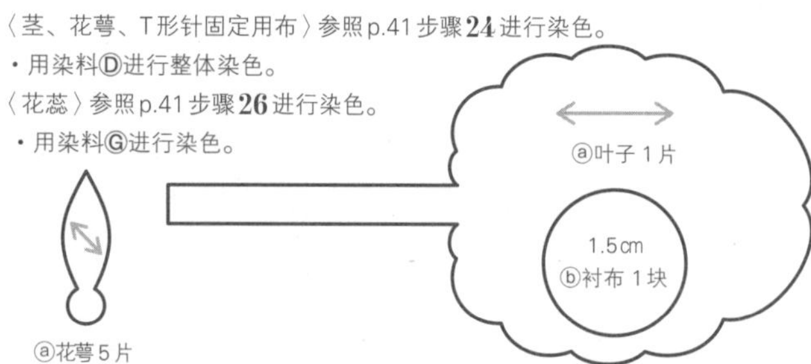

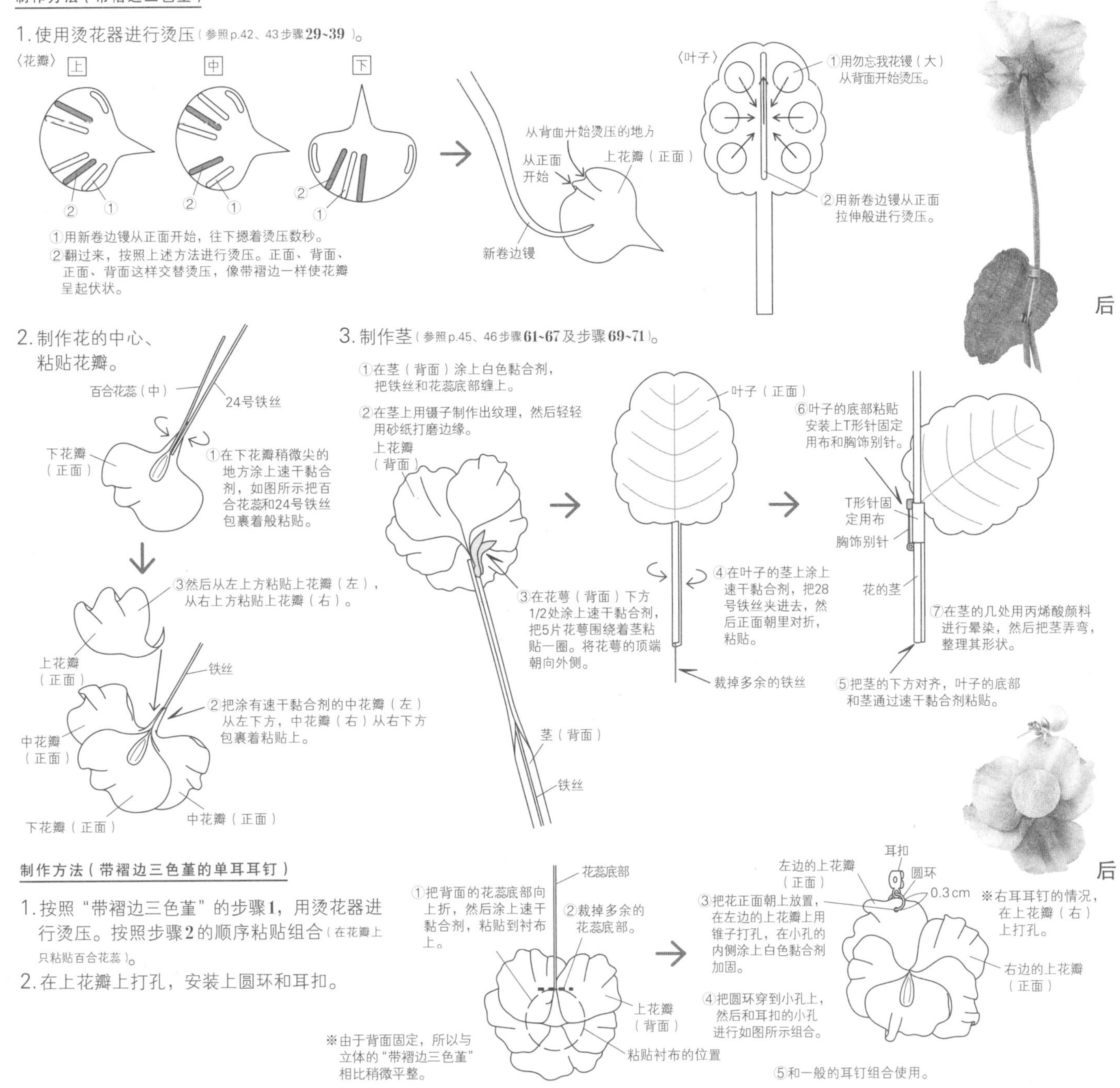
制作方法（带褶边三色堇）
1.使用烫花器进行烫压（参照p.42、43步骤29~39）。
〈花瓣〉
上
中
下
②
①
①用新卷边镘从正面开始，往下摁着烫压数秒。
②翻过来，按照上述方法进行烫压。正面、背面、正面、背面这样交替烫压，像带褶边一样使花瓣呈起伏状。
从背面开始烫压的地方
从正面开始
上花瓣（正面）
新卷边镘
〈叶子〉
①用勿忘我花镘（大）从背面开始烫压。
②用新卷边镘从正面拉伸般进行烫压。
后
2.制作花的中心、粘贴花瓣。
百合花蕊（中）
24号铁丝
下花瓣（正面）
①在下花瓣稍微尖的地方涂上速干黏合剂，如图所示把百合花蕊和24号铁丝包裹着般粘贴。
③然后从左上方粘贴上花瓣（左），从右上方粘贴上花瓣（右）。
上花瓣（正面）
铁丝
②把涂有速干黏合剂的中花瓣（左）从左下方，中花瓣（右）从右下方包裹着粘贴上。
中花瓣（正面）
下花瓣（正面）
中花瓣（正面）
3.制作茎（参照p.45、46步骤61~67及步骤69~71）。
①在茎（背面）涂上白色黏合剂，把铁丝和花蕊底部缠上。
②在茎上用镊子制作出纹理，然后轻轻用砂纸打磨边缘。
上花瓣（背面）
③在花萼（背面）下方1/2处涂上速干黏合剂，把5片花萼围绕着茎粘贴一圈。将花萼的顶端朝向外侧。
茎（背面）
铁丝
叶子（正面）
④在叶子的茎上涂上速干黏合剂，把28号铁丝夹进去，然后正面朝里对折，粘贴。
裁掉多余的铁丝
⑥叶子的底部粘贴安装上T形针固定用布和胸饰别针。
T形针固定用布
胸饰别针
花的茎
⑦在茎的几处用丙烯酸颜料进行晕染，然后把茎弄弯，整理其形状。
⑤把茎的下方对齐，叶子的底部和茎通过速干黏合剂粘贴。
制作方法（带褶边三色堇的单耳耳钉）
1.按照“带褶边三色堇”的步骤1，用烫花器进行烫压。按照步骤2的顺序粘贴组合（在花瓣上只粘贴百合花蕊）。
2.在上花瓣上打孔，安装上圆环和耳扣。
花蕊底部
①把背面的花蕊底部向上折，然后涂上速干黏合剂，粘贴到衬布上。
②裁掉多余的花蕊底部。
上花瓣（背面）
粘贴衬布的位置
※由于背面固定，所以与立体的“带褶边三色堇”相比稍微平整。
耳扣
左边的上花瓣（正面）
圆环
0.3cm
③把花正面朝上放置，在左边的上花瓣上用锥子打孔，在小孔的内侧涂上白色黏合剂加固。
④把圆环穿到小孔上，然后和耳扣的小孔进行如图所示组合。
⑤和一般的耳钉组合使用。
※右耳耳钉的情况，在上花瓣（右）上打孔。
右边的上花瓣（正面）
后

紫阳花
彩图 >>> p.30

紫阳花耳挂
彩图 >>> p.31

Hydrangea

完成尺寸(约)：竖13cm/横(花部分)9cm

完成尺寸(花部分)(约)：竖6cm/横5cm

材料

[紫阳花]
粗棉麻布……20cm×12cm(花瓣)
普通麻布……9cm×1.5cm(茎7cm×1.2cm、T形针固定用布2cm×1cm)
铁丝(白色)=28号9.5cm×1根、10cm×1根、10.5cm×2根、11cm×2根、11.5cm×2根、12cm×3根、12.5cm×2根、13cm×1根、13.5cm×1根
胸饰别针(金古美2.5cm)=1个
丙烯酸颜料(LIQUITEX钛白色)

[紫阳花耳挂](左耳用，1个耳挂的材料)
粗棉麻布……20cm×5cm(花瓣)
薄丝绸(固糊)……10cm×0.7cm
T形针(金古美0.7mm×60mm)=5个
耳挂金属部件(带1个环 金古美)=1个
金线(FUJIX Spark Lame101)=适量

染料

[紫阳花]
Ⓐ-黄色1：水40
Ⓑ-柠檬黄色3：棕色1：黑色1：水70
Ⓒ-黄色7：棕色1：水40
Ⓓ-橄榄绿色1：棕色1：黑色1：水5
Ⓔ-黄色1：棕色1：黑色1：水3

[紫阳花耳挂]
〈蓝灰色〉
Ⓐ-黄色2：棕色2：黑色1：水100
Ⓑ-蓝色1：橄榄绿色1：黑色1：水20
Ⓒ-蓝色1：黑色1：水2
〈紫罗兰色〉
Ⓐ-黄色2：棕色2：黑色1：水100
Ⓓ-紫色3：黑色2：红紫色1：水20
Ⓔ-紫色1：黑色1：水2

烫花器(紫阳花、紫阳花耳挂通用)

卷边镘

准备

[紫阳花]
- 使用纸样，裁剪各部件(参照p.38)。花瓣裁剪时，2片重叠着裁剪，其他部件一片一片地裁剪。
- 4片花瓣用砂纸轻轻打磨(参照p.38)。

[紫阳花耳挂]
- 使用纸样，裁剪各部件(参照p.38)。
- 裁剪花瓣用砂纸打磨(参照p.38)。
- 裁剪T形针的下端，分别做成1根5cm、1根4cm、2根3.5cm、1根3cm。
- 裁剪耳挂金属部件的圆环。

紫阳花

[花瓣]
参照p.39、40步骤**6~18**进行染色。其他参照p.41步骤**24**、**25**进行染色。

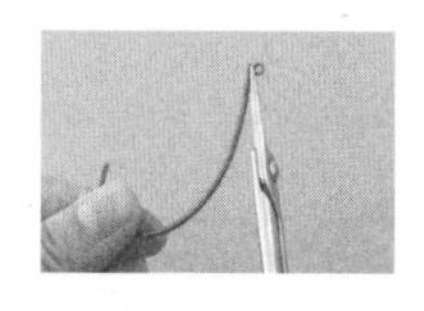

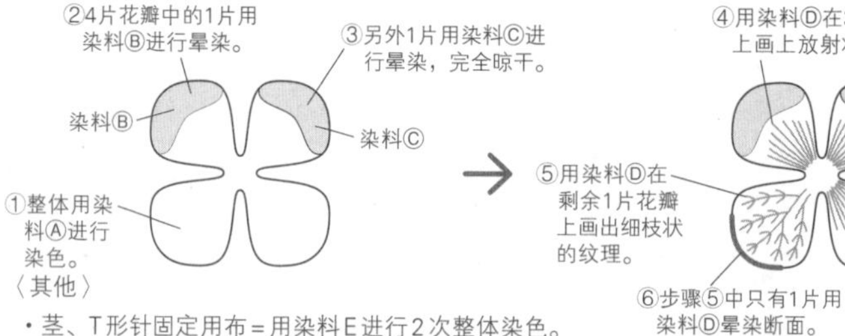

〈其他〉
- 茎、T形针固定用布=用染料E进行2次整体染色。
- 铁丝=用染料Ⓔ进行2/3程度的染色。

[紫阳花耳挂]
参照p.39、40步骤**6~18**和p.41步骤**22**、**23**进行染色。
〈蓝灰色〉
①整体用染料Ⓐ进行染色。接下来用笔蘸一下染料Ⓑ，转动花瓣一圈染色。刚开始花瓣染色会比较浓，然后呈渐进式染色。
②完全晾干之后，参照"紫阳花"，用染料Ⓒ在花瓣上画上纹理，然后晕染4片花瓣的断面。
〈紫罗兰色〉
①整体用染料Ⓐ进行染色。接下来用笔蘸一下染料Ⓓ，转动花瓣一圈染色。染色方法参照"蓝灰色"，晾干之后用染料Ⓔ画出花的纹理，晕染断面。
薄丝绸=紫阳花的染料Ⓐ

纸样

※临摹到透明纸上，贴到厚纸板上更容易使用。

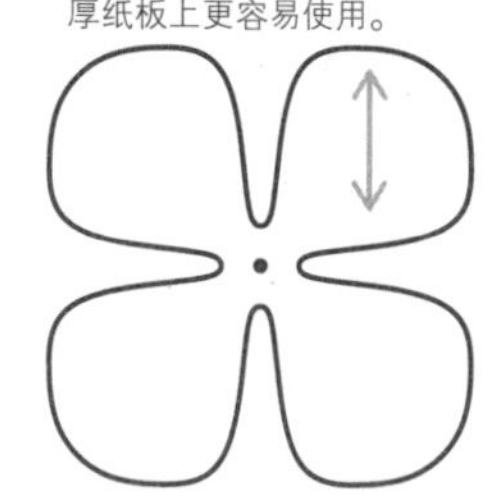

花瓣数量：紫阳花 15片
紫阳花耳挂5片

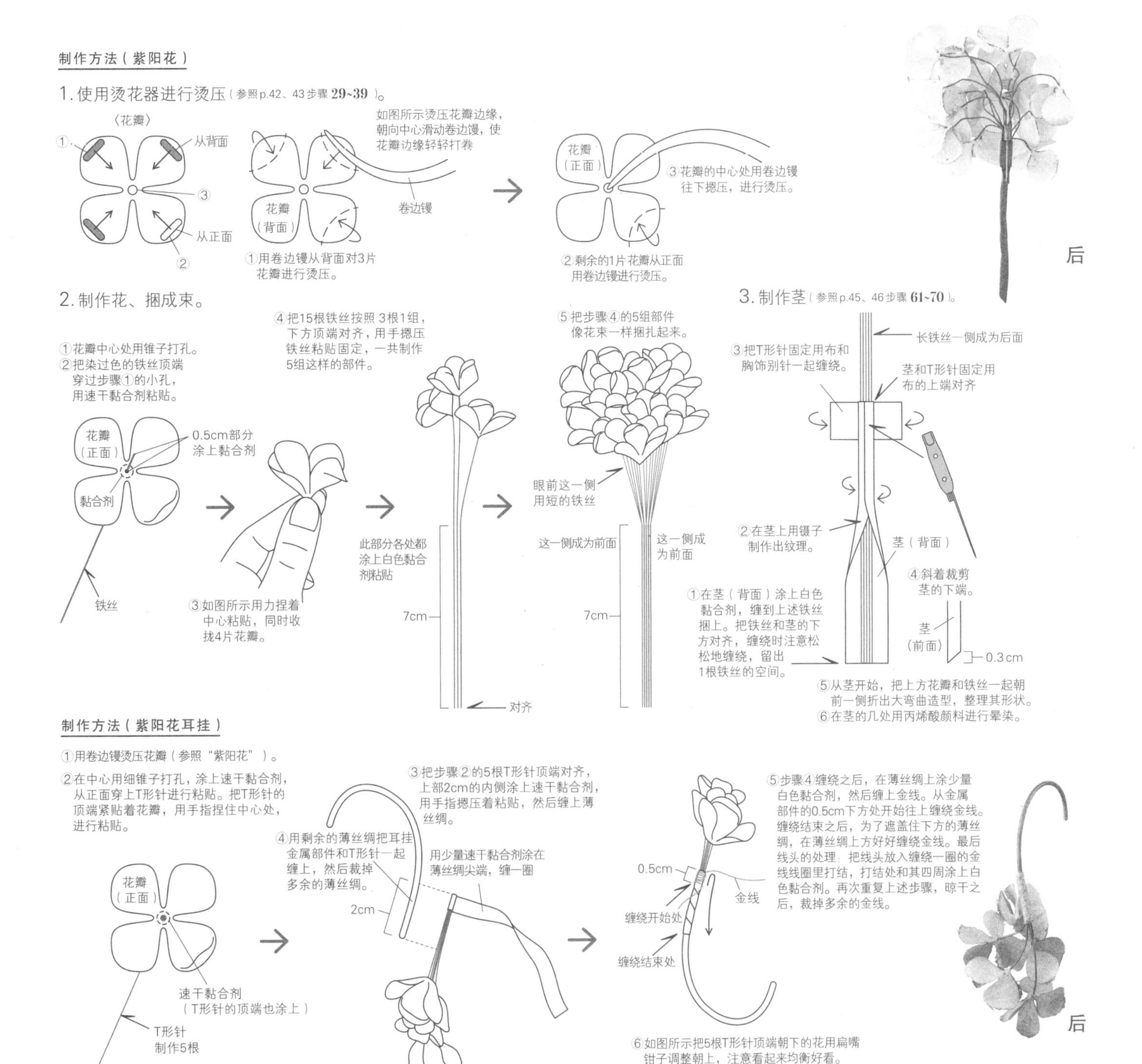
制作方法（紫阳花）
1.使用烫花器进行烫压（参照p.42、43步骤29~39）。
〈花瓣〉
①
从背面
③
从正面
②
如图所示烫压花瓣边缘，
朝向中心滑动卷边镘，使
花瓣边缘轻轻打卷
花瓣
（背面）
卷边镘
①用卷边镘从背面对3片
花瓣进行烫压。
花瓣
（正面）
③花瓣的中心处用卷边镘
往下摁压，进行烫压。
②剩余的1片花瓣从正面
用卷边镘进行烫压。
后
2.制作花、捆成束。
①花瓣中心处用锥子打孔。
②把染过色的铁丝顶端
穿过步骤①的小孔，
用速干黏合剂粘贴。
花瓣
（正面）
0.5cm部分
涂上黏合剂
黏合剂
铁丝
③如图所示用力捏着
中心粘贴，同时收
拢4片花瓣。
④把15根铁丝按照3根1组，
下方顶端对齐，用手摁压
铁丝粘贴固定，一共制作
5组这样的部件。
此部分各处都
涂上白色黏合
剂粘贴
7cm
对齐
⑤把步骤④的5组部件
像花束一样捆扎起来。
眼前这一侧
用短的铁丝
这一侧成为前面
这一侧成
为前面
7cm
3.制作茎（参照p.45、46步骤61~70）。
长铁丝一侧成为后面
③把T形针固定用布和
胸饰别针一起缠绕。
茎和T形针固定用
布的上端对齐
②在茎上用镊子
制作出纹理。
茎（背面）
④斜着裁剪
茎的下端。
①在茎（背面）涂上白色
黏合剂，缠到上述铁丝
捆上。把铁丝和茎的下
方对齐，缠绕时注意松
松地缠绕，留出
1根铁丝的空间。
茎
（前面）
0.3cm
⑤从茎开始，把上方花瓣和铁丝一起朝
前一侧折出大弯曲造型，整理其形状。
⑥在茎的几处用丙烯酸颜料进行晕染。
制作方法（紫阳花耳挂）
①用卷边镘烫压花瓣（参照“紫阳花”）。
②在中心用细锥子打孔，涂上速干黏合剂，
从正面穿上T形针进行粘贴。把T形针的
顶端紧贴着花瓣，用手指捏住中心处，
进行粘贴。
花瓣
（正面）
速干黏合剂
（T形针的顶端也涂上）
T形针
制作5根
③把步骤②的5根T形针顶端对齐，
上部2cm的内侧涂上速干黏合剂，
用手指摁压着粘贴，然后缠上薄
丝绸。
④用剩余的薄丝绸把耳挂
金属部件和T形针一起
缠上，然后裁掉
多余的薄丝绸。
用少量速干黏合剂涂在
薄丝绸尖端，缠一圈
2cm
0.5cm
金线
缠绕开始处
缠绕结束处
⑤步骤④缠绕之后，在薄丝绸上涂少量
白色黏合剂，然后缠上金线。从金属
部件的0.5cm下方处开始往上缠绕金线。
缠绕结束之后，为了遮盖住下方的薄丝
绸，在薄丝绸上方好好缠绕金线。最后
线头的处理：把线头放入缠绕一圈的金
线线圈里打结，打结处和其四周涂上白
色黏合剂。再次重复上述步骤，晾干之
后，裁掉多余的金线。
⑥如图所示把5根T形针顶端朝下的花用扁嘴
钳子调整朝上，注意看起来均衡好看。
后

郁金香

Tulip

彩图 >>> *p.15*

完成尺寸(约)：竖12.5cm/横(花部分)5cm

材料

粗棉麻布 …… 20m × 14cm（花瓣**A**～**C**、叶子）
普通麻布 …… 10cm × 1cm（茎8.5cm × 0.7cm、T形针固定用布1.5cm × 1cm）
薄丝绸（固糊）…… 5cm × 0.5cm
铁丝（白色）= 24号 11cm × 2根
百合花蕊（中/白色）= 3根
胸饰别针（金古美 1.7cm）= 1个
丙烯酸颜料（LIQUITEX 钛白色）

染料

Ⓐ-柠檬黄色4：棕色1：水50
Ⓑ-黄色1
Ⓒ-棕色2：黑色2：黄色1：水100
Ⓓ-绿色3：橄榄绿色2：棕色1：水15
Ⓔ-黄色2：橄榄绿色1：棕色1：水20
Ⓕ-黄色2：橄榄绿色1：棕色1
Ⓖ-黄茶色（Roapas Spiran液体染料）1

烫花器　新卷边镘

使用吹风机

纸样

※临摹到透明纸上，贴到厚纸板上更容易使用。

花瓣**A** 4片

花瓣**B** 6片

花瓣**C** 7片

叶子 2片

准备

- 使用纸样，裁剪各部件（参照p.38）。
- 花瓣**A**～**C**的标记间用剪刀进行锯齿形花纹裁剪，然后用砂纸打磨（参照p.38）。

染色

〈花瓣〉参照p.39、40步骤**6~18**进行染色。

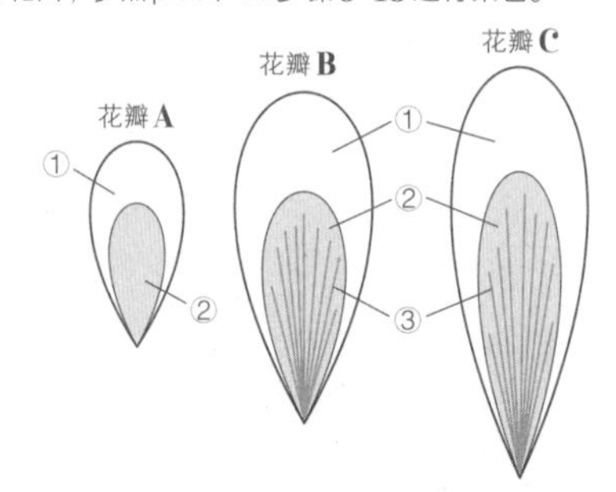

①用染料Ⓐ进行整体染色。
②用染料Ⓑ进行晕染。
③花瓣**B**、**C**晾干之后，用染料Ⓕ晕染断面，然后画上呈放射状的纹理。

〈其他〉参照p.39步骤**6~12**、p.41步骤**26**进行染色。

- 薄丝绸 = 染料Ⓐ。
- 叶子、茎、T形针固定用布 = 用染料Ⓒ进行整体染色，然后再用染料Ⓓ进行整体染色，最后用染料Ⓔ进行几处晕染（参照p.60芍药的叶子）。
- 花蕊 = 染料Ⓖ。
- 叶子染色之后还未晾干的时候，用吹风机进行造型（参照p.47芍药的叶子）。

制作方法

1. 使用烫花器进行烫压（参照p.42、43步骤29~39）。

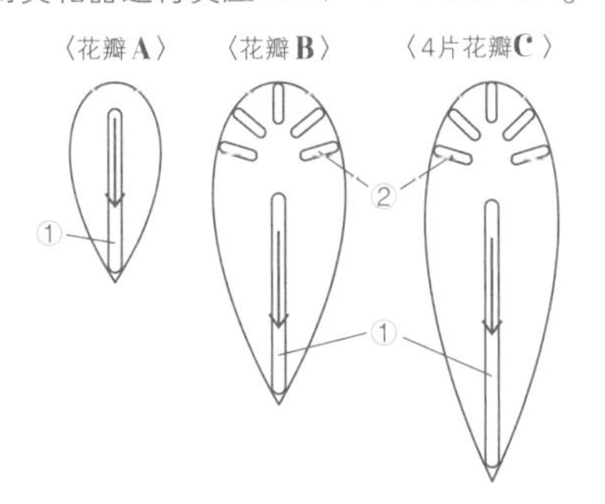

①用新卷边镘从背面慢慢移动进行烫压。

②花瓣B和4片花瓣C从背面把新卷边镘往下摁着烫压，使内侧呈蓬松状。

花瓣C（背面）

往下摁压

〈3片花瓣C〉

①用新卷边镘从背面进行烫压。

②用新卷边镘从正面进行烫压，使花瓣的边缘朝各个方向展开。

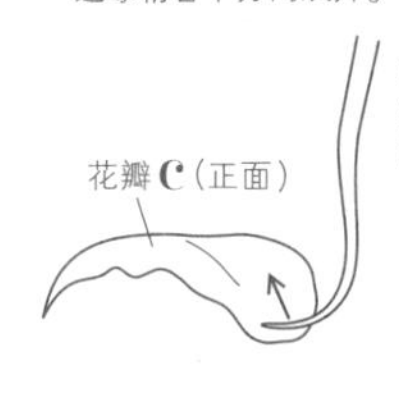

2. 制作花的中心。

只有3根花蕊的顶端露出，用薄丝绸缠绕2根铁丝（参照p.43、44步骤43~46）。

3. 粘贴花瓣。

①在4片花瓣A底部涂上速干黏合剂，均衡地粘贴到花蕊四周。

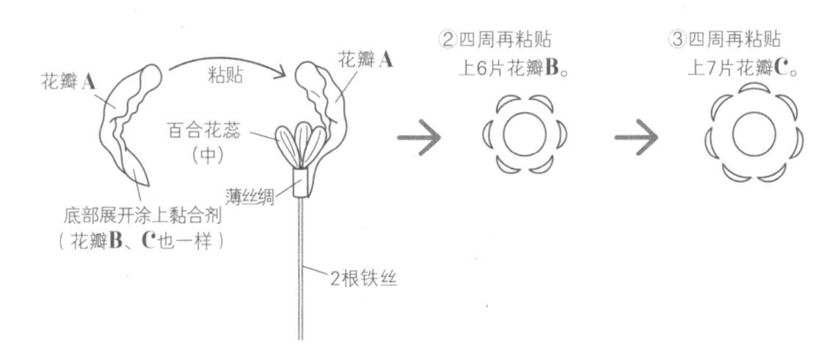

4. 制作茎（参照p.45、46步骤61~71）。

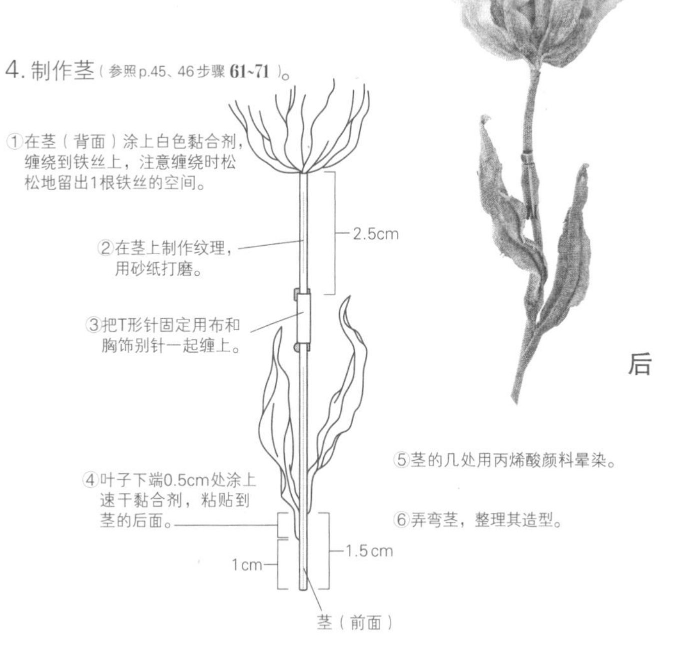

⑤茎的几处用丙烯酸颜料晕染。

⑥弄弯茎，整理其造型。

前

后

野草莓

彩图 >>> p.17

Wild Strawberries

完成尺寸(约)：竖10cm/横(花部分)7cm

材料

粗棉麻布 …… 16cm×7cm(花瓣、叶子、花萼、叶子的衬布〈6块，1cm×0.5cm〉)
普通麻布 …… 17cm×2cm(叶子右茎6cm×0.7cm、叶子左茎5cm×0.7cm、花右茎9cm×0.5cm、花左茎7cm×0.7cm、T形针固定用布2cm×1cm)
含羞草花蕊(中/白色)= 2根
含羞草花蕊(小/白色)= 39根
线状粗式花蕊(白色)= 1/2根×12(底部裁剪为0.1cm)
铁丝(白色)= 26号9cm×1根、7cm×1根，28号8cm×6根，
35号8cm×3根
胸饰别针(金古美2.5cm)= 1个
丙烯酸颜料(LIQUITEX钛白色)

染料

Ⓐ-黄色4：棕色1：黑色1：水200
Ⓑ-黄色1
Ⓒ-黄色2：橄榄绿色1：棕色1：水20
Ⓓ-黄色2：绿色3：棕色1：水3
Ⓔ-棕色3：黑色1
Ⓕ-黄色2：绿色2：棕色1：水20
Ⓖ-黄茶色1：黄色1：乙醇5(黄茶色和黄色均为Roapas Spiran液体染料)

烫花器

新卷边镘

准备

- 使用纸样，裁剪各部件(参照p.38)。
- 叶子(小)裁成2cm×2cm再染色。其他部件一片一片地裁剪。
- 叶子(左、右、下)四周用砂纸轻轻打磨。
- 裁掉含羞草花蕊(中、小)一侧的顶部。

染色

〈花瓣〉参照p.39、40步骤**6~14**进行染色。

①用染料Ⓐ进行整体染色。
②晾干之后，用染料Ⓑ进行断面晕染，然后画上呈放射状的纹理(参照p.76“铃兰”)。

〈叶子〉参照p.39、40步骤**6~14**进行染色。

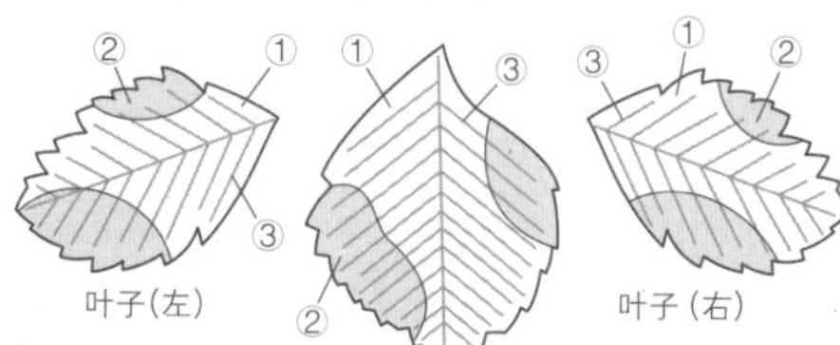

①用染料Ⓒ进行整体染色。
②用染料Ⓓ进行部分晕染。
③晾干之后，用染料Ⓔ进行断面晕染，然后画上叶脉的纹理。

〈茎、T形针固定用布〉参照p.41步骤**24**进行染色。

- 用染料Ⓓ进行整体染色。

〈花蕊〉

- 含羞草花蕊(中)的顶部用染料Ⓖ染色，底部用笔蘸染料Ⓓ进行染色。
- 含羞草花蕊(小)的顶部用染料Ⓕ。其中3根使用笔蘸染料Ⓓ，染色其底部。
- 线状粗式花蕊使用染料Ⓖ进行染色。

纸样

※临摹到透明纸上，贴到厚纸板上更容易使用。

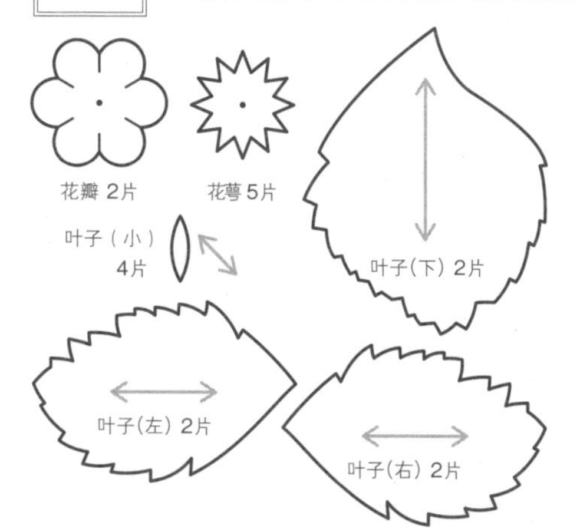

制作方法

1. 制作叶子。

在叶子的衬布涂上速干黏合剂，把28号铁丝夹进去，粘贴到叶子(左、右、下)的背面，裁掉多余的衬布。

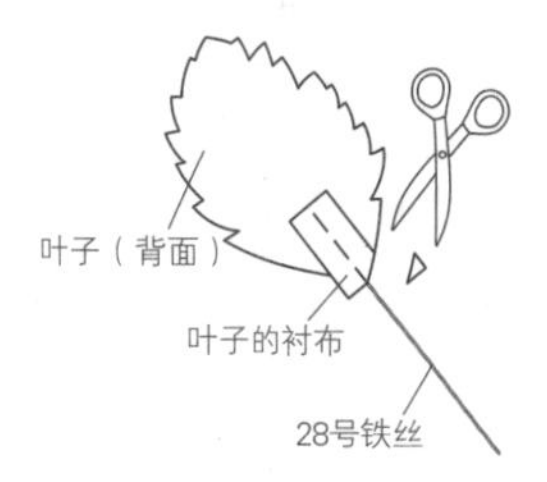

2. 使用烫花器进行烫压(参照p.42、43步骤**29~39**)。

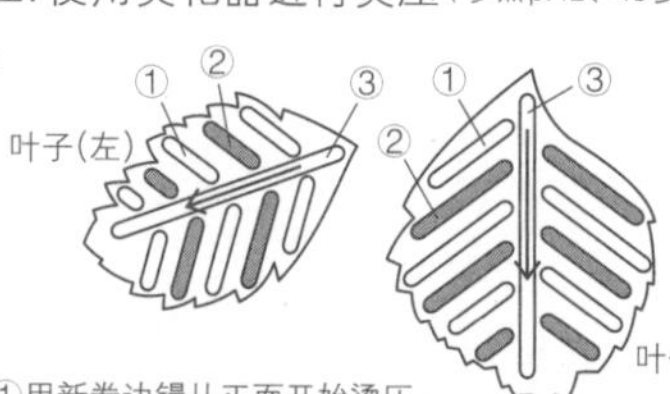

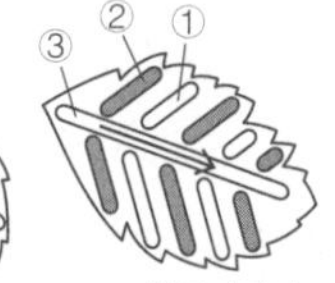

①用新卷边镘从正面开始烫压，往下摁着烫压数秒。
②翻过来，按照上述方法进行烫压。正面、背面、正面、背面这样交替烫压，使花瓣呈起伏状，像带褶边一样。
③最后从正面往中心拉伸烫镘一般，进行烫压。

不必过度在意烫镘的位置、叶脉的纹理。

3. 制作左右2根叶子的茎

（参照p.45步骤60、61）。

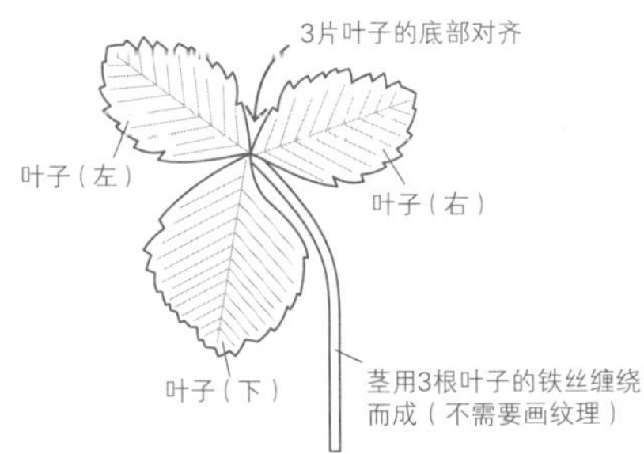

4. 制作2朵花、3个果实。

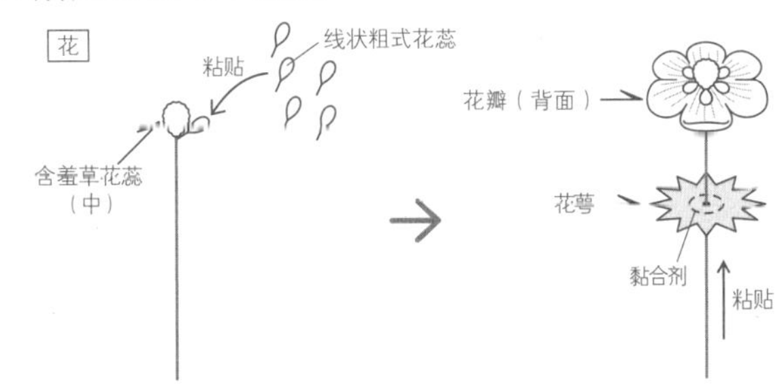

①如图所示在花蕊的底部涂上速干黏合剂，粘贴到含羞草花蕊（中）的顶端的下方。把6根花蕊粘贴一圈，这样的部件制作2组。

②在花瓣、花萼的中心处用细锥子打孔。在步骤①部件的底部涂上速干黏合剂，然后把花蕊底部穿过花的小孔粘贴，花萼也按照同样的方法粘贴到花的下方。

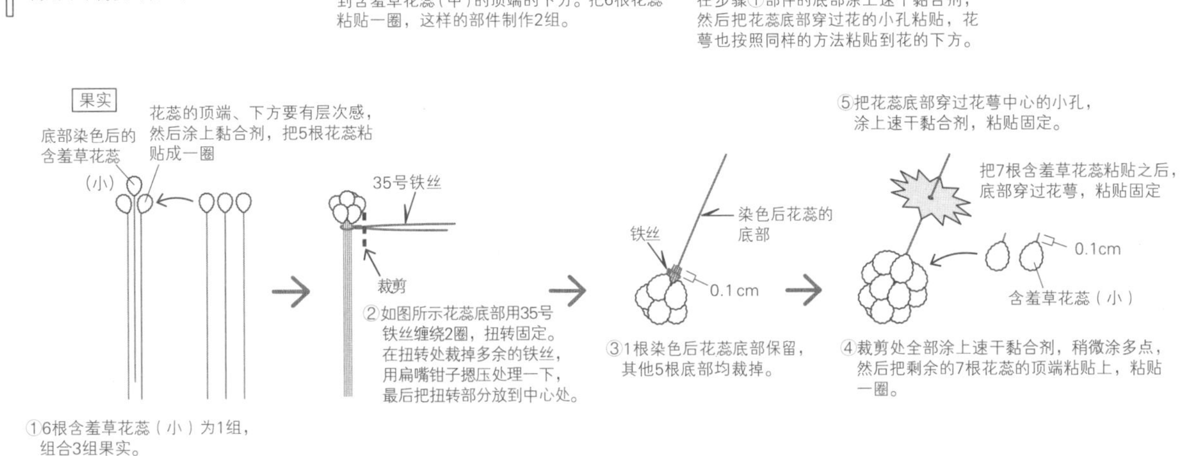

①6根含羞草花蕊（小）为1组，组合3组果实。

②如图所示花蕊底部用35号铁丝缠绕2圈，扭转固定。在扭转处裁掉多余的铁丝，用扁嘴钳子摁压处理一下，最后把扭转部分放到中心处。

③1根染色后花蕊底部保留，其他5根底部均裁掉。

④裁剪处全部涂上速干黏合剂，稍微涂多点，然后把剩余的7根花蕊的顶端粘贴上，粘贴一圈。

⑤把花蕊底部穿过花萼中心的小孔，涂上速干黏合剂，粘贴固定。

5. 制作左茎、右茎。

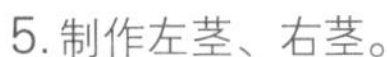

6. 捆扎叶子和花的茎。

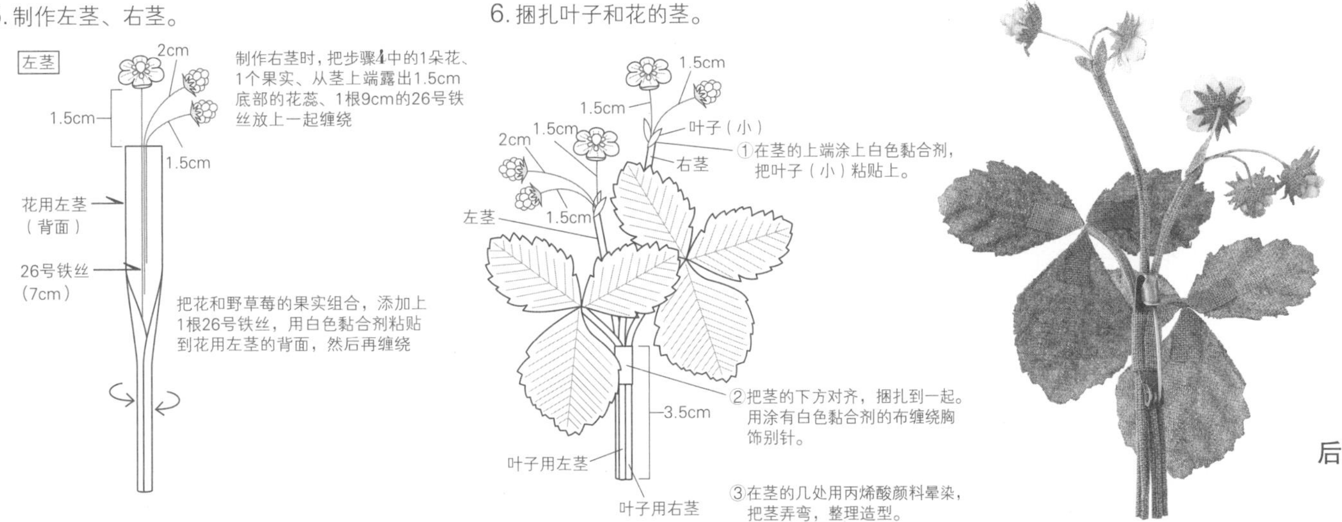

①在茎的上端涂上白色黏合剂，把叶子（小）粘贴上。

②把茎的下方对齐，捆扎到一起。用涂有白色黏合剂的布缠绕胸饰别针。

③在茎的几处用丙烯酸颜料晕染，把茎弄弯，整理造型。

紫罗兰

彩图 >>> *p.20*

Violet

完成尺寸(约)：竖11cm/横(花部分)5.5cm

紫罗兰花蜜饯耳饰(1组耳饰的材料)

彩图 >>> *p.21*

完成尺寸(约)：竖3.5cm/横3cm

材料

[紫罗兰]

粗棉麻布 …… 15cm×8cm(花瓣、叶子、花萼)

普通麻布 …… 12cm×2cm(右茎10cm×0.7cm、左茎9cm×0.7cm、T形针固定用布2cm×1cm)

铁丝(白色)=28号12cm×4根、2cm×1根

百合花蕊(极小/白色)=2根*也可使用尖头花蕊(小/白色)代替

胸饰别针(金古美1.7cm)=1个

丙烯酸颜料(LIQUITEX 钛白色)

[紫罗兰花蜜饯耳饰]

粗棉麻布 …… 10cm×5cm(花瓣、叶子、花萼)

百合花蕊(极小/白色)=2根*也可使用尖头花蕊(小/白色)代替

耳饰金属部件(螺丝调节 金古美)=1组

玻璃珠(0.5mm)=适量

染料

[紫罗兰]

Ⓐ-黄色2：棕色2：黑色1：水30

Ⓑ-紫色1：红紫色1

Ⓒ-柠檬黄色4：橄榄绿色1：棕色1：水15

Ⓓ-黄色2：绿色2：棕色1：水3

Ⓔ-棕色3：黑色1

Ⓕ-黄色2：棕色2：黑色1：水20

Ⓖ-黄茶色(Roapas Spiran液体染料)1：乙醇12

[紫罗兰花蜜饯耳饰]

Ⓐ-黄色1：水25

Ⓑ-紫色3：黑色2：红紫色1：水10

Ⓒ-紫色3：黑色2：红紫色1

Ⓓ-黄茶色(Roapas Spiran液体染料)1

烫花器(紫罗兰、紫罗兰花蜜饯耳饰通用)

勿忘我花镘(大)、新卷边馒

准备(紫罗兰、紫罗兰花蜜饯耳饰通用)

- 使用纸样，裁剪各部件(参照p.38)。
- 5片花瓣的顶端、叶子四周，用砂纸轻轻打磨(参照p.38)。

染色

[紫罗兰]

〈花瓣〉参照p.39、40步骤**6~18**进行染色。

①用染料Ⓐ进行整体染色。

②上面的2片花瓣用染料Ⓒ进行晕染，晾干。

③用染料Ⓒ晕染花瓣的断面。

④下面的3片用染料Ⓑ画呈放射状的纹理。如图所示纹理画到花瓣1/2处，中心处的纹理最长，这样整体均衡好看。

〈叶子〉参照p.39、40步骤**6~18**进行染色。

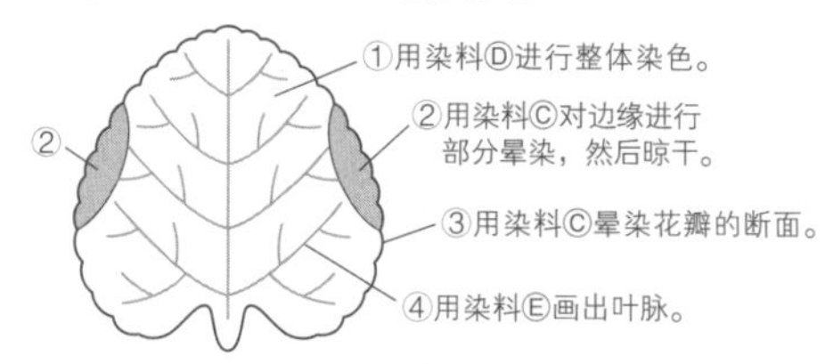

〈茎、花萼、T形针固定用布〉参照p.41步骤**24~26**进行染色。

- 茎和T形针固定用布用染料Ⓕ，花萼用染料Ⓓ染色。

〈花蕊〉

- 用染料Ⓖ进行染色

[紫罗兰花蜜饯耳饰]

〈花瓣〉参照p.39、40步骤**6~14**进行染色。

〈青紫色〉

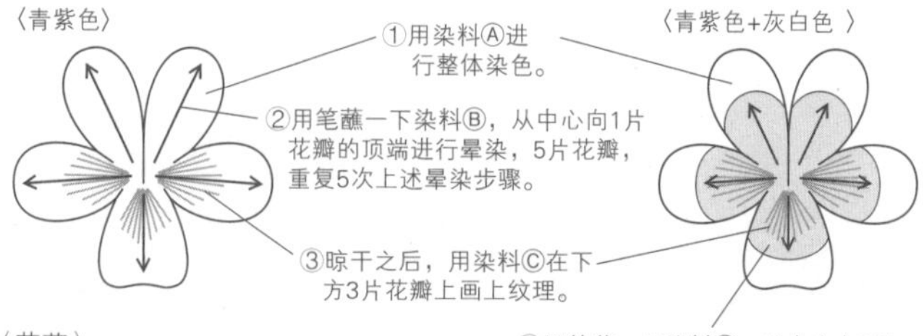

〈花蕊〉

- 用染料Ⓓ进行染色

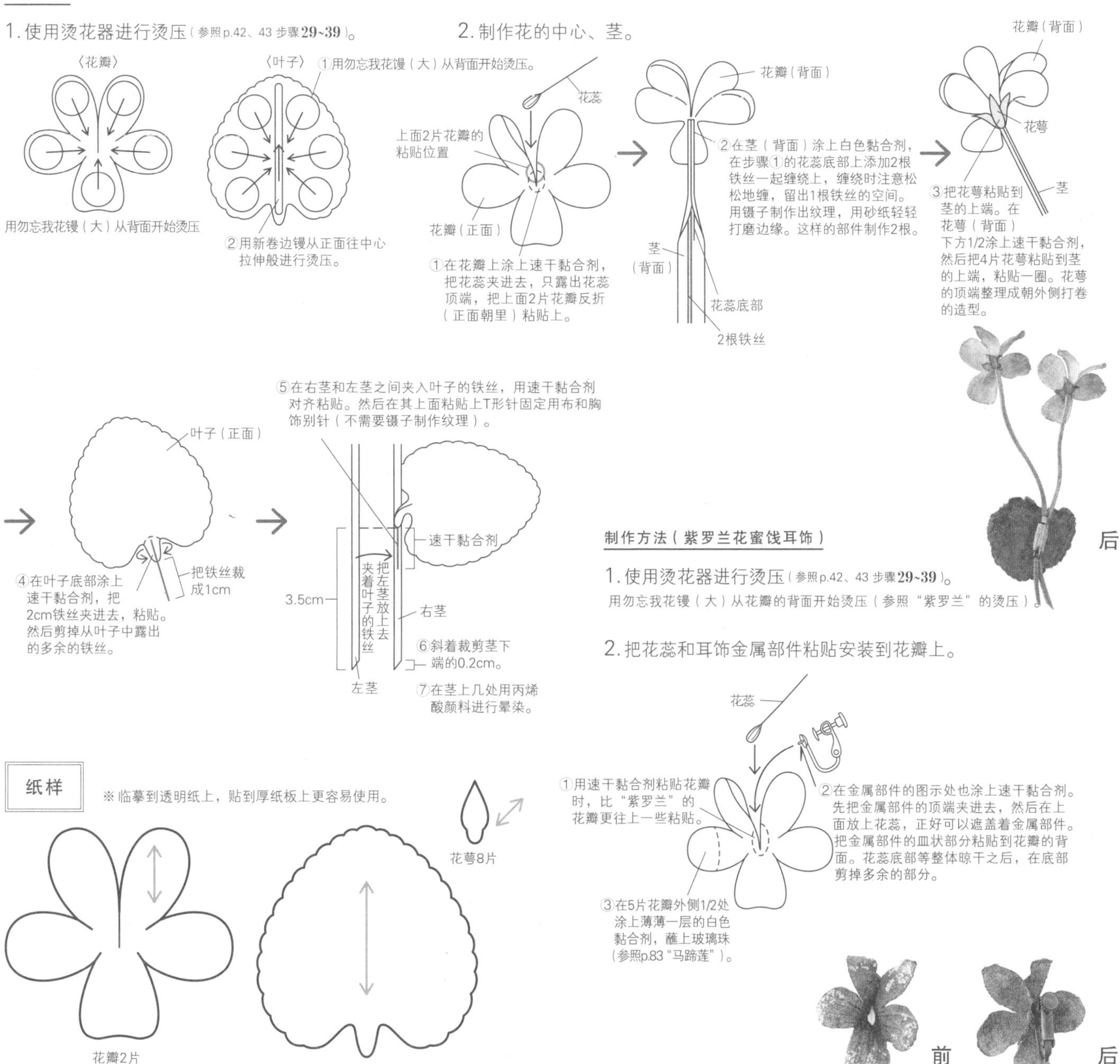
制作方法
1. 使用烫花器进行烫压（参照p.42、43 步骤29~39）。
〈花瓣〉
用勿忘我花镘（大）从背面开始烫压
〈叶子〉
①用勿忘我花镘（大）从背面开始烫压。
②用新卷边镘从正面往中心拉伸般进行烫压。
2. 制作花的中心、茎。
花蕊
上面2片花瓣的粘贴位置
花瓣（正面）
①在花瓣上涂上速干黏合剂，把花蕊夹进去，只露出花蕊顶端，把上面2片花瓣反折（正面朝里）粘贴上。
花瓣（背面）
②在茎（背面）涂上白色黏合剂，在步骤①的花蕊底部上添加2根铁丝一起缠绕上，缠绕时注意松松地缠，留出1根铁丝的空间。用镊子制作出纹理，用砂纸轻轻打磨边缘。这样的部件制作2根。
茎（背面）
花蕊底部
2根铁丝
花瓣（背面）
花萼
茎
③把花萼粘贴到茎的上端。在花萼（背面）下方1/2涂上速干黏合剂，然后把4片花萼粘贴到茎的上端，粘贴一圈。花萼的顶端整理成朝外侧打卷的造型。
叶子（正面）
④在叶子底部涂上速干黏合剂，把2cm铁丝夹进去，粘贴。然后剪掉从叶子中露出的多余的铁丝。
把铁丝裁成1cm
⑤在右茎和左茎之间夹入叶子的铁丝，用速干黏合剂对齐粘贴。然后在其上面粘贴上T形针固定用布和胸饰别针（不需要镊子制作纹理）。
速干黏合剂
3.5cm
把左茎放上去
夹着叶子的铁丝
右茎
左茎
⑥斜着裁剪茎下端的0.2cm。
⑦在茎上几处用丙烯酸颜料进行晕染。
后
制作方法（紫罗兰花蜜饯耳饰）
1. 使用烫花器进行烫压（参照p.42、43 步骤29~39）。
用勿忘我花镘（大）从花瓣的背面开始烫压（参照“紫罗兰”的烫压）。
2. 把花蕊和耳饰金属部件粘贴安装到花瓣上。
花蕊
①用速干黏合剂粘贴花瓣时，比“紫罗兰”的花瓣更往上一些粘贴。
②在金属部件的图示处也涂上速干黏合剂。先把金属部件的顶端夹进去，然后在上面放上花蕊，正好可以遮盖着金属部件。把金属部件的皿状部分粘贴到花瓣的背面。花蕊底部等整体晾干之后，在底部剪掉多余的部分。
③在5片花瓣外侧1/2处涂上薄薄一层的白色黏合剂，蘸上玻璃珠（参照p.83“马蹄莲”）。
纸样
※临摹到透明纸上，贴到厚纸板上更容易使用。
花瓣2片
（紫罗兰、紫罗兰花蜜饯耳饰通用）
叶子1片
花萼8片
前
后

康乃馨

Carnation

彩图 >>> p.22、23

完成尺寸(约)：竖14.5cm/横(花部分)3.5cm

材料

粗棉麻布 …… 30cm×10cm（花瓣，花萼**A**～**C**，叶子**A**、**B**）
普通麻布 …… 13cm×1cm（茎10.5cm×1cm、T形针固定用布2cm×1cm）
铁丝（白色）=24号13cm×5根
胸饰别针（金古美2.5cm）=1个
丙烯酸颜料（LIQUITEX 钛白色）

染料

Ⓐ-黄色2：棕色2：黑色1：水40
Ⓑ-红紫色1：水1
Ⓒ-棕色2：黄色1：黑色1：水100
Ⓓ-绿色3：橄榄绿色2：棕色1：水15
Ⓔ-黄色2：橄榄绿色1：棕色1：水10
Ⓕ-绿色3：橄榄绿色2：棕色1：水5

烫花器

新卷边镘

纸样

※临摹到透明纸上，贴到厚纸板上更容易使用。

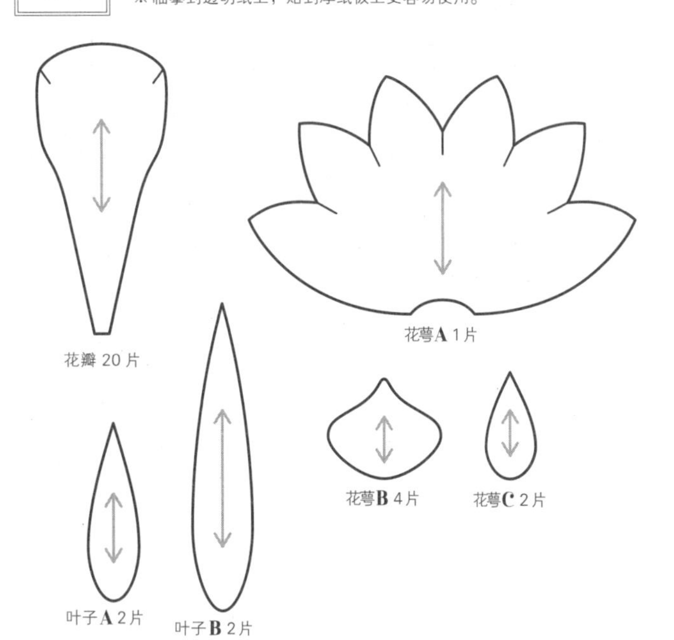

准备

- 使用纸样，裁剪各部件（参照p.38）。
- 花瓣的标记间用剪刀进行锯齿形花纹裁剪，然后用砂纸打磨（参照p.38）。

染色

〈花瓣〉参照p.39、40 步骤**6~21**进行染色。

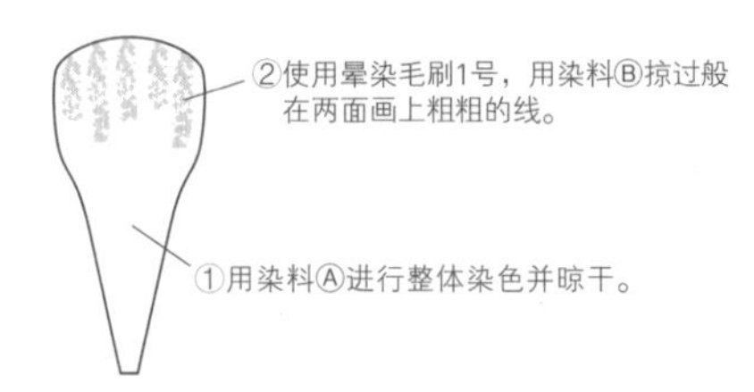

〈花萼**B**、花萼**C**、叶子〉参照p.39 步骤**6~12**进行染色。

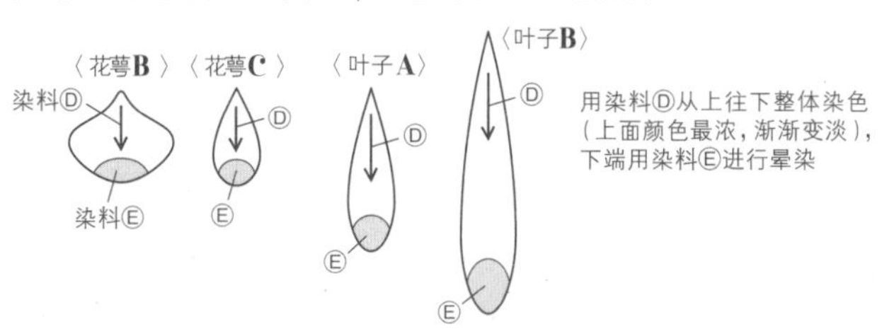

〈茎、T形针固定用布〉参照p.39 步骤**6~12**进行染色。

用染料Ⓒ进行整体染色，在其上方再用染料Ⓓ进行整体染色，
最后用染料Ⓔ部分进行晕染

〈花萼**A**〉

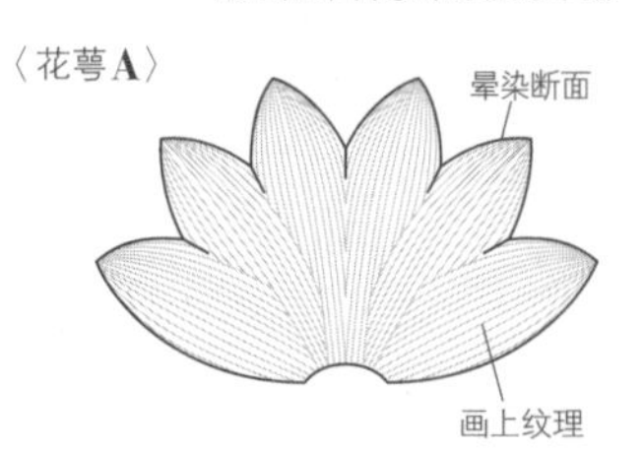

花萼**A**使用染料Ⓒ进行整体染色后，迅速
用染料Ⓓ再进行整体染色
完全晾干之后，用染料Ⓕ整体画上纹理，
晕染断面

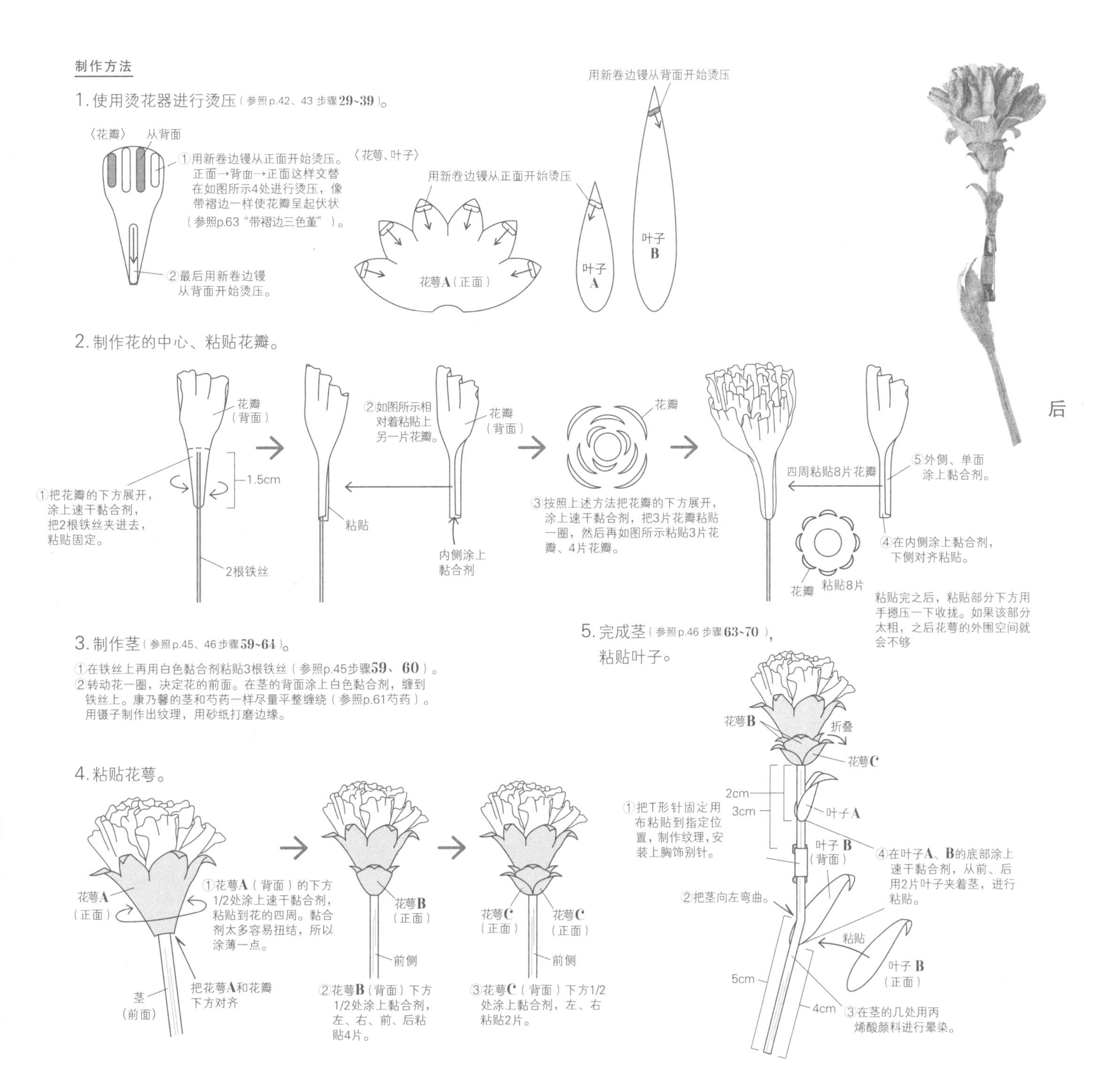
制作方法
1.使用烫花器进行烫压（参照p.42、43 步骤29~39）。
〈花瓣〉
从背面
①用新卷边镘从正面开始烫压。正面→背面→正面这样交替在如图所示4处进行烫压，像带褶边一样使花瓣呈起伏状（参照p.63"带褶边三色堇"）。
②最后用新卷边镘从背面开始烫压。
〈花萼、叶子〉
用新卷边镘从正面开始烫压
花萼A（正面）
叶子A
用新卷边镘从背面开始烫压
叶子B
2.制作花的中心、粘贴花瓣。
花瓣（背面）
1.5cm
①把花瓣的下方展开，涂上速干黏合剂，把2根铁丝夹进去，粘贴固定。
2根铁丝
粘贴
②如图所示相对着粘贴上另一片花瓣。
花瓣（背面）
内侧涂上黏合剂
花瓣
③按照上述方法把花瓣的下方展开，涂上速干黏合剂，把3片花瓣粘贴一圈，然后再如图所示粘贴3片花瓣、4片花瓣。
四周粘贴8片花瓣
⑤外侧、单面涂上黏合剂。
④在内侧涂上黏合剂，下侧对齐粘贴。
花瓣
粘贴8片
粘贴完之后，粘贴部分下方用手摁压一下收拢。如果该部分太粗，之后花萼的外围空间就会不够
后
3.制作茎（参照p.45、46 步骤59~64）。
①在铁丝上再用白色黏合剂粘贴3根铁丝（参照p.45步骤59、60）。
②转动花一圈，决定花的前面。在茎的背面涂上白色黏合剂，缠到铁丝上。康乃馨的茎和芍药一样尽量平整缠绕（参照p.61芍药）。用镊子制作出纹理，用砂纸打磨边缘。
4.粘贴花萼。
花萼A（正面）
①花萼A（背面）的下方1/2处涂上速干黏合剂，粘贴到花的四周。黏合剂太多容易扭结，所以涂薄一点。
茎（前面）
把花萼A和花瓣下方对齐
花萼B（正面）
前侧
②花萼B（背面）下方1/2处涂上黏合剂，左、右、前、后粘贴4片。
花萼C（正面）
花萼C（正面）
前侧
③花萼C（背面）下方1/2处涂上黏合剂，左、右粘贴2片。
5.完成茎（参照p.46 步骤63~70），粘贴叶子。
花萼B
折叠
花萼C
2cm
3cm
叶子A
①把T形针固定用布粘贴到指定位置，制作纹理，安装上胸饰别针。
叶子B（背面）
④在叶子A、B的底部涂上速干黏合剂，从前、后用2片叶子夹着茎，进行粘贴。
②把茎向左弯曲。
粘贴
叶子B（正面）
5cm
4cm
③在茎的几处用丙烯酸颜料进行晕染。

英国薰衣草

彩图 >>> p.24

English Lavender

完成尺寸（约）：竖15cm/横（花部分）3.5cm

材料

粗棉麻布 …… 15cm × 8cm（花穗、叶子、花萼、T形针固定用布）
棉布（中糊）…… 10cm × 4cm（花瓣）
普通麻布 …… 15cm × 1cm（左茎14.5cm × 0.5cm、右茎13cm × 0.5cm）
素玉花蕊（0.5号 / 白色）= 1/2根 × 37
※素玉花蕊尺寸若干，选择使用顶端直径1.5~2mm的。
铁丝（白色）=26号15cm × 2根
胸饰别针（金古美 1.7cm）=1个
丙烯酸颜料（LIQUITEX 钛白色）

染料

Ⓐ－紫色2 ：黑色2 ：红紫色1 ：水10
Ⓑ－黄色2 ：棕色2 ：黑色1 ：水20

・不使用烫花器

准备

・使用纸样，裁剪各部件（参照p.38）。
・叶子和花萼裁成5cm × 5cm再染色。

染色

花穗参照p.39步骤**6~12**进行染色，其他参照p.41步骤**24**进行染色。
〈花瓣〉
染料Ⓐ
〈花、叶子、花萼、茎、T形针固定用布〉
染料Ⓑ。只有茎染2次。
※叶子和花萼染色后，临摹纸样裁剪。
花穗上端用砂纸打磨。

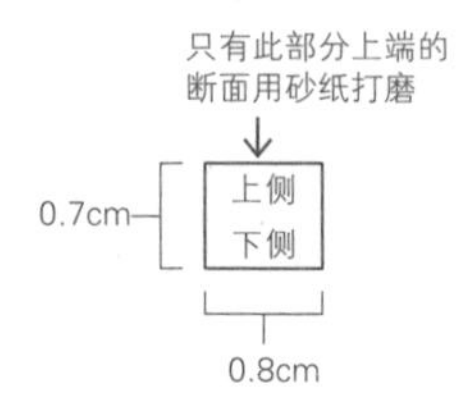

纸样

※临摹到透明纸上，贴到厚纸板上更容易使用。

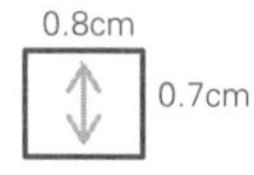

花穗 37 片

花瓣12 片

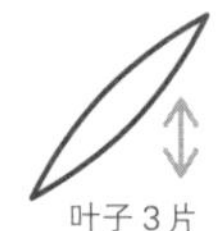
叶子 3 片

花萼 14 片

T形针固定用布 1 片

制作方法

1. 制作25个花穗。

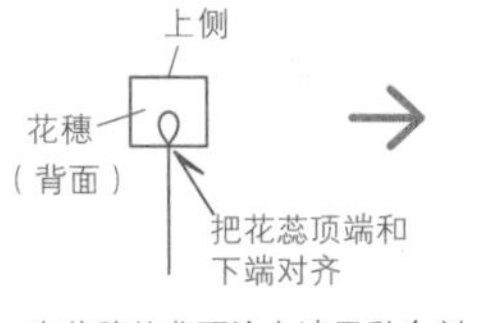

在花穗的背面涂上速干黏合剂，把素玉花蕊的顶端放上去，做成筒状，粘贴固定

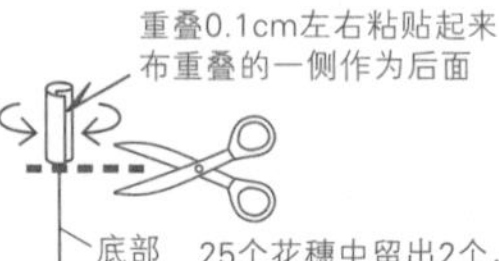

2. 制作12个带花瓣的花穗。

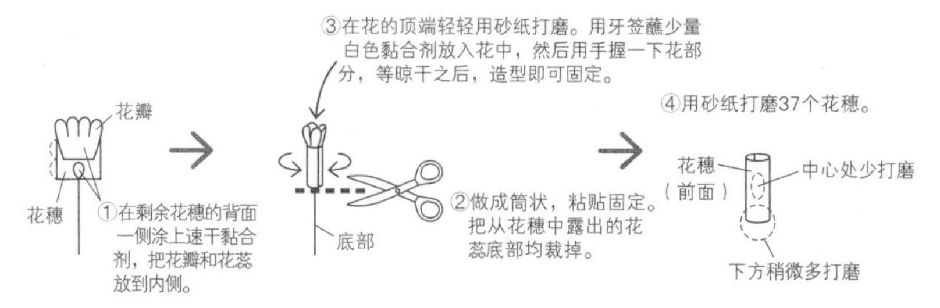

3. 把茎缠到2根留有花蕊底部的花穗上。

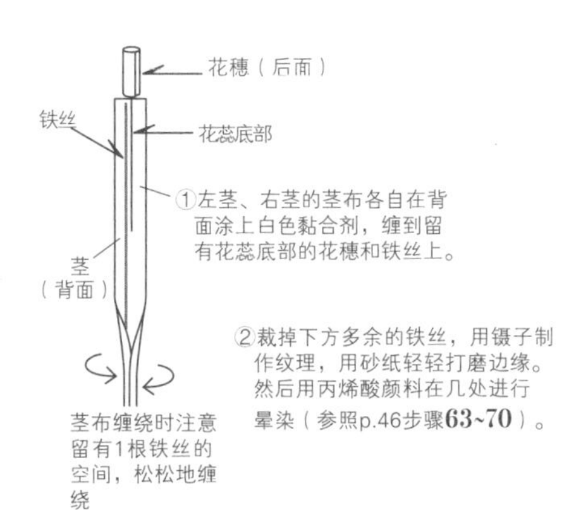

4. 把花穗、叶子、花萼粘贴到茎上。

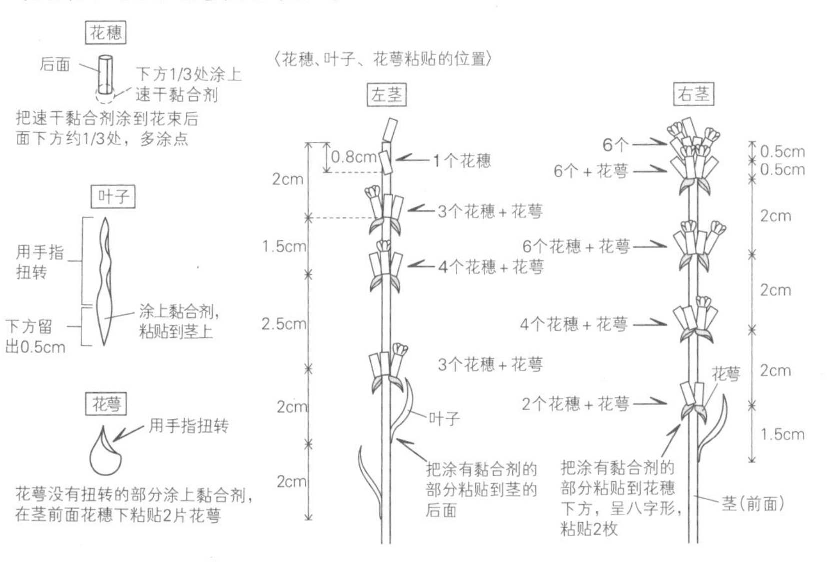

〈粘贴顺序〉

在茎的前面粘贴1个花穗，然后横着围绕着茎，粘贴一圈。此时，两边相邻花穗之间也涂上速干黏合剂，粘贴固定。

粘贴1个花穗的情况下，稍微斜着粘贴比较好看

② ① ③

左茎（前面）

带花瓣的花穗整体均衡地粘贴

5. 安装胸饰别针。

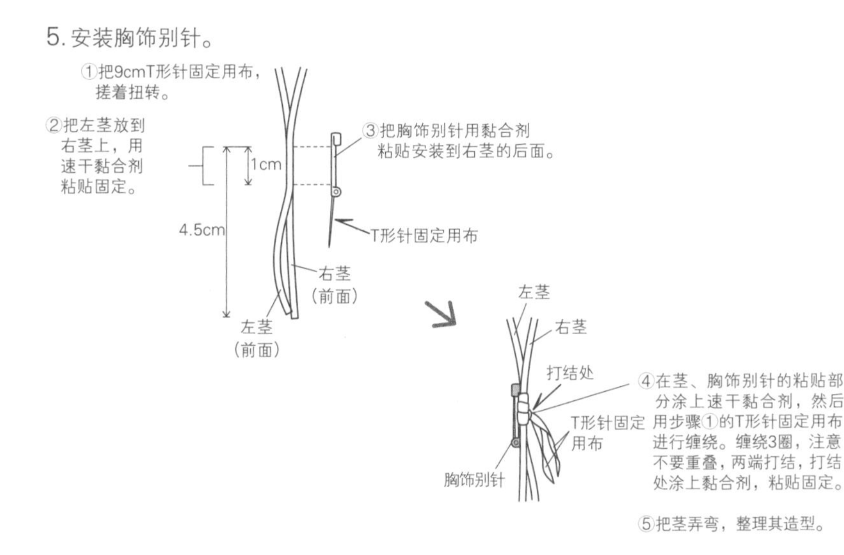

后

铃兰

彩图 >>> *p.25*

Lily of the valley

完成尺寸（约）：竖14.5cm/横（叶部分）6.5cm

材料

粗棉麻布 …… 26cm×9cm（花瓣、叶子、T形针固定用布）
普通麻布 …… 4.5cm×0.7cm（茎）
铁丝（白色）=28号13cm×1根、12cm×1根、11cm×1根、10cm×1根、9.5cm×1根、8cm×2根、7.5cm×1根
胸饰别针（金古美2.5cm）=1个

染料

Ⓐ-黄色4：棕色1：黑色1：水200
Ⓑ-橄榄绿色2：棕色1：黑色1：水5
Ⓒ-黄色2：橄榄绿色1：棕色1：水10
Ⓓ-黄色2：绿色2：棕色1：水3
Ⓔ-棕色2：黑色1
Ⓕ-黄色4：橄榄绿色1：棕色1:水2

烫花器

铃兰花镘（大）、新卷边镘
使用吹风机

准备

- 使用纸样，裁剪各部件（参照p.38）。
- 2片花瓣重叠裁剪，其他部件一片一片地裁剪。
- 花瓣的顶端用砂纸轻轻打磨（参照p.38）。小部件一定不要用力，以免弄坏布料。

染色

参照p.39步骤**6~12**进行染色。

〈花瓣〉

①花瓣用染料Ⓐ进行整体染色并晾干。
②8片花瓣中的3片断面用染料Ⓑ进行晕染（参照p.40步骤**17、18**）。
③用自动铅笔画出花瓣中心处的点。
④以中心为起点，用染料Ⓕ画15～18根呈放射状的纹理（参照p.39、40**13~14**）。
⑤在中心点的上方，用染料Ⓑ画直径约0.15cm的圆点。

〈叶子〉

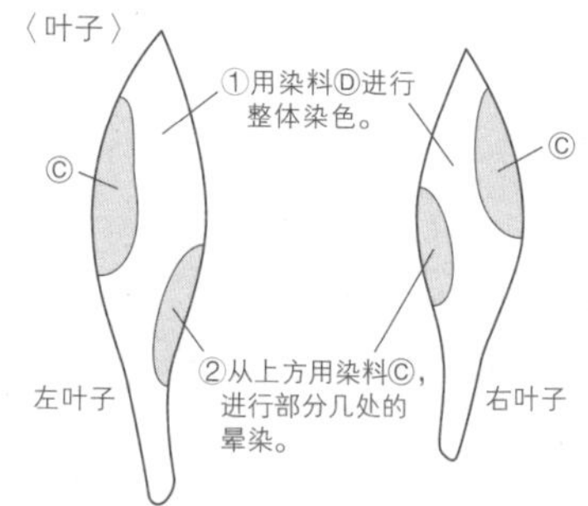

染色之后还未晾干期间，用吹风机进行造型（参照p.47）

〈其他〉参照p.41步骤**24、25**进行染色。

- 茎=使用染料Ⓔ整体染色。
- T形针固定用布=染料Ⓓ。
- 铁丝=8根铁丝整体使用染料Ⓑ染色。

纸样

※临摹到透明纸上，贴到厚纸板上更容易使用。

花瓣 8片

直径1.2cm

T形针固定用布1片

右叶子1片

左叶子1片

制作方法

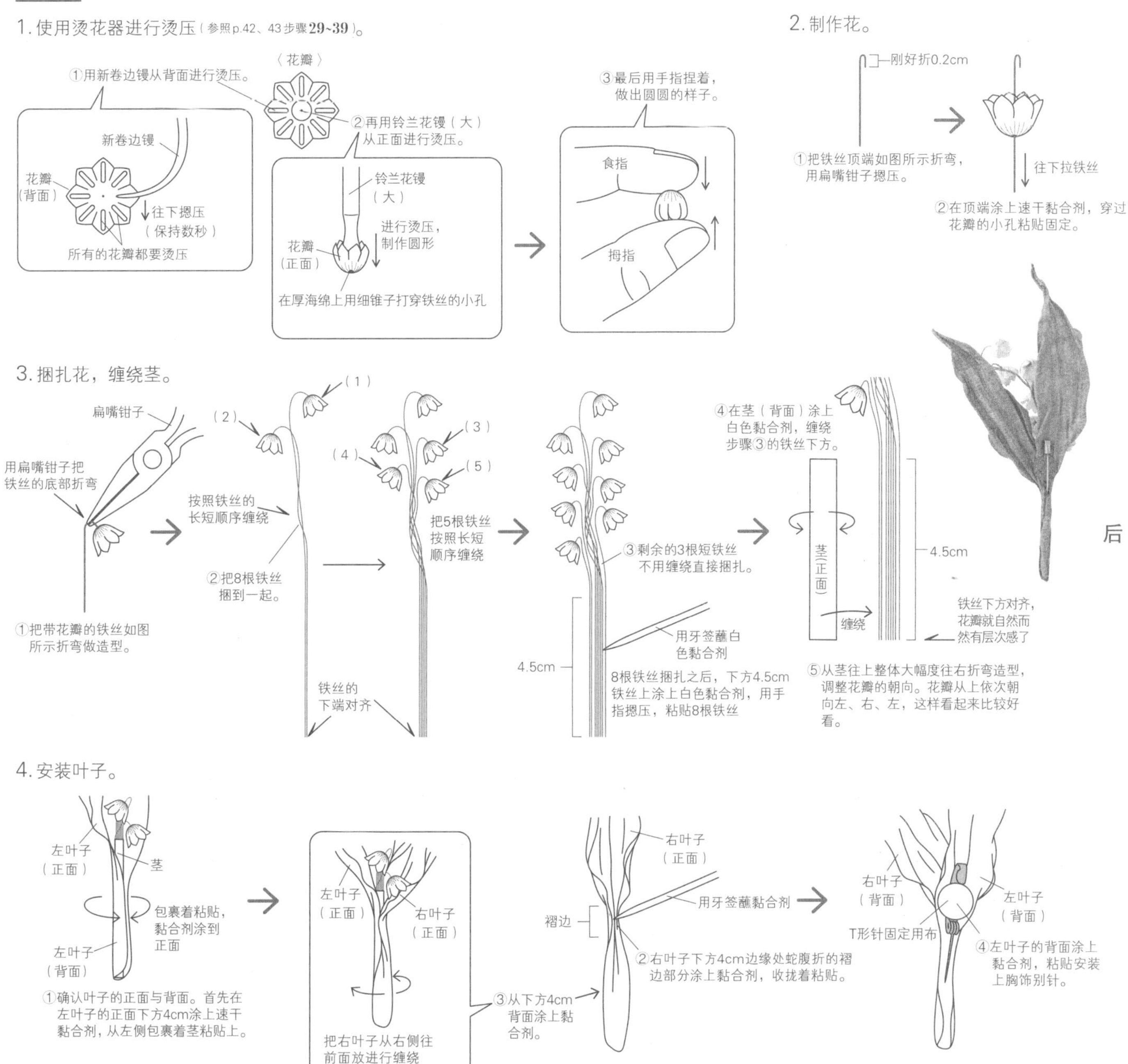

1. 使用烫花器进行烫压（参照p.42、43步骤29~39）。
〈花瓣〉
①用新卷边镘从背面进行烫压。
新卷边镘
花瓣
（背面）
往下摁压
（保持数秒）
所有的花瓣都要烫压
②再用铃兰花镘（大）
从正面进行烫压。
铃兰花镘
（大）
进行烫压，
制作圆形
花瓣
（正面）
在厚海绵上用细锥子打穿铁丝的小孔
③最后用手指捏着，
做出圆圆的样子。
食指
拇指
2. 制作花。
刚好折0.2cm
①把铁丝顶端如图所示折弯，
用扁嘴钳子摁压。
往下拉铁丝
②在顶端涂上速干黏合剂，穿过
花瓣的小孔粘贴固定。
3. 捆扎花，缠绕茎。
扁嘴钳子
用扁嘴钳子把
铁丝的底部折弯
①把带花瓣的铁丝如图
所示折弯做造型。
（1）
（2）
按照铁丝的
长短顺序缠绕
②把8根铁丝
捆到一起。
（3）
（4）
（5）
把5根铁丝
按照长短
顺序缠绕
铁丝的
下端对齐
③剩余的3根短铁丝
不用缠绕直接捆扎。
用牙签蘸白
色黏合剂
4.5cm
8根铁丝捆扎之后，下方4.5cm
铁丝上涂上白色黏合剂，用手
指摁压，粘贴8根铁丝
④在茎（背面）涂上
白色黏合剂，缠绕
步骤③的铁丝下方。
茎（正面）
缠绕
4.5cm
铁丝下方对齐，
花瓣就自然而
然有层次感了
⑤从茎往上整体大幅度往右折弯造型，
调整花瓣的朝向。花瓣从上依次朝
向左、右、左，这样看起来比较好
看。
后
4. 安装叶子。
左叶子
（正面）
茎
包裹着粘贴，
黏合剂涂到
正面
左叶子
（背面）
①确认叶子的正面与背面。首先在
左叶子的正面下方4cm涂上速干
黏合剂，从左侧包裹着茎粘贴上。
左叶子
（正面）
右叶子
（正面）
把右叶子从右侧往
前面放进行缠绕
③从下方4cm
背面涂上黏
合剂。
右叶子
（正面）
用牙签蘸黏合剂
褶边
②右叶子下方4cm边缘处蛇腹折的褶
边部分涂上黏合剂，收拢着粘贴。
右叶子
（背面）
左叶子
（背面）
T形针固定用布
④左叶子的背面涂上
黏合剂，粘贴安装
上胸饰别针。

德国洋甘菊

German Chamomile

彩图 >>> p.26

完成尺寸（约）：竖12.5cm/横（花部分）2cm

材料

粗棉麻布 …… 18cm×7cm（花瓣、花萼、叶子）
普通麻布 …… 14cm×1cm（茎12cm×0.5cm、T形针固定用布1.5cm×1cm）
铁丝（白色）=24号15cm×1根
胸饰别针（金古美1.7cm）=1个
丙烯酸颜料（LIQUITEX 钛白色、金色系）

染料

Ⓐ-棕色2：黄色2：黑色1：水100
Ⓑ-棕色2：黄色2：黑色1：水60
Ⓒ-黄色1：水3
Ⓓ-黄色2：绿色2：棕色1：水3
Ⓔ-黄色2：橄榄绿色1：棕色1：水10

烫花器

小瓣镘（小）
使用吹风机

准备

- 使用纸样，裁剪各部件（参照p.38）。
- 8片花瓣的顶端用砂纸轻轻打磨。
- 花瓣**B**上间隔0.2cm整体剪入剪口，参照p.83“马蹄莲”，卷好之后，用剪刀和砂纸，把上部整理成圆形。

纸样

※临摹到透明纸上，贴到厚纸板上更容易使用。

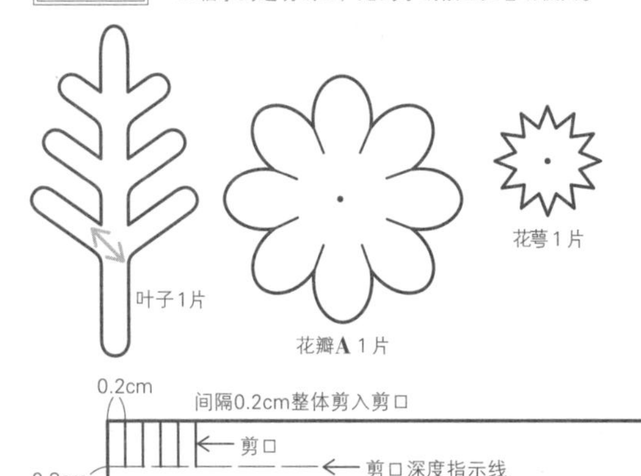

0.2cm
间隔0.2cm整体剪入剪口
15cm
剪口
剪口深度指示线
0.3cm
0.8cm

花瓣**B** 1片

染色

参照p.39步骤**6~12**进行染色。

- 花瓣**A**用染料Ⓐ进行整体染色。
- 花瓣**B**用染料Ⓑ进行整体染色。然后再用染料Ⓒ进行整体染色。
- 叶子、花萼、茎、T形针固定用布用染料Ⓓ进行整体染色，然后再用染料Ⓔ部分几处进行晕染（参照p.76“铃兰”的叶子制作步骤）。

※叶子染色后，用吸水纸轻轻吸收水分，用手紧紧地握。为了让吹风机的风从缝隙中进入，手稍微松开，然后在此状态下，用吹风机吹至完全干（参照p.48“鼠曲草丝带”）。

制作方法

1. 制作花的中心。

①折铁丝一端的顶端，如图所示挂到花瓣**B**顶端的剪口上，用钳子摁压固定。

剪口　折0.3cm　花瓣**B**（背面）　铁丝

②在步骤①花瓣**B**的背面涂少量速干黏合剂，然后卷起来（参照p.83“马蹄莲”）。上部整理成圆圆的形状，可能会出现错位对不齐的现象，用砂纸打磨整理其造型。

③上方用丙烯酸颜料中的婚礼金色系，用牙签蘸着进行晕染。

牙签　花瓣**B**　铁丝

2. 使用烫花器进行烫压。

花瓣**A**

用小瓣镘从花瓣背面开始进行烫压，在中心处用细锥子打上穿铁丝的小孔

3. 制作花。

①把花瓣**B**和花瓣**A**对齐粘贴。

花瓣**B**　0.1cm　花瓣**B**的底部和下方0.1cm处涂上速干黏合剂　粘贴花瓣**A**　花瓣**A**（正面）

②在花萼中心处打孔，然后中心部分涂上速干黏合剂，穿到步骤①的铁丝上，粘贴到花瓣**A**的背面。

花瓣**B**　细锥子　花瓣**A**

③用细锥子把花萼的顶端朝向下方。

4. 制作茎，组合完工

（参照p.45、46步骤**60~71**）。

①在茎（背面）涂上白色黏合剂，缠绕铁丝。

②把T形针固定用布粘贴到茎上，制作出纹理，然后把胸饰别针也一起缠绕上。

6cm　胸饰别针　0.5cm　4cm

③在叶子下方0.5cm处涂上速干黏合剂，粘贴到茎的后面。不必太在意叶子的正面、背面。

④在茎的几处用钛白色进行晕染（参照p.46步骤**69、70**）。

⑤把茎弄弯，整理其造型。

后

巧克力秋菊

彩图 >>> p.27

Cosmos Atrosanguineus

完成尺寸(约)：竖12.5cm/横(花部分)2.5cm

材料

粗棉麻布 …… 15cm×8cm（花瓣**A**~**C**、花萼**A**、花萼**B**、叶子）
普通麻布 …… 14cm×1cm（茎12cm×0.5cm、T形针固定用布1.5cm×1cm）
铁丝（白色）= 24号15cm×1根
胸饰别针（金古美1.7cm）= 1个
丙烯酸颜料（LIQUITEX 钛白色、婚礼金色系）

染料

Ⓐ-棕色1：黑色1：水3
Ⓑ-红色3：黑色2：棕色1：水3

烫花器

新卷边镘

准备

- 使用纸样，裁剪各部件（参照p.38）。
- 花瓣**C**的顶端上用砂纸轻轻打磨。
- 花瓣**A**上间隔0.2cm整体剪入剪口，参照p.83“马蹄莲”，卷好之后，用剪刀和砂纸，把上部整理成圆形。

染色

参照p.39步骤**6~12**进行染色，其他参照p.41步骤**24**进行染色。
- 花瓣**A**用染料Ⓐ进行整体染色。
- 花瓣**B**、花瓣**C**、花萼**A**用染料Ⓑ进行整体染色。然后再用染料Ⓐ晕染上方1/3部分。
- 叶子、花萼**B**、茎、T形针固定用布用染料Ⓐ进行整体染色，其中茎、T形针固定用布染2次。

制作方法

1. 使用烫花器进行烫压（参照p.42、43步骤**29~39**）。

〈花瓣**C**〉 新卷边镘
用新卷边镘从8片花瓣背面下方开始进行烫压

〈花萼**A**〉
用新卷边镘从正面开始烫压顶端，使其卷曲

花瓣边缘的烫压，8片花瓣分别朝向各自不同的方向。5片从背面开始，3片从正面开始烫压（参照p.67“郁金香”的花瓣**C**）

2. 制作花的中心，粘贴花瓣。

①花瓣**A**参照p.78“德国洋甘菊”的制作方法。

②把侧面涂上速干黏合剂的8片花瓣**B**，粘贴一圈。

花瓣**A**
粘贴
把上方朝向外侧
花瓣**B**（背面）的下方0.5cm处涂上黏合剂
花瓣**B**

③8片花瓣**C**的底部涂上黏合剂，在步骤②的基础上再粘贴一圈。

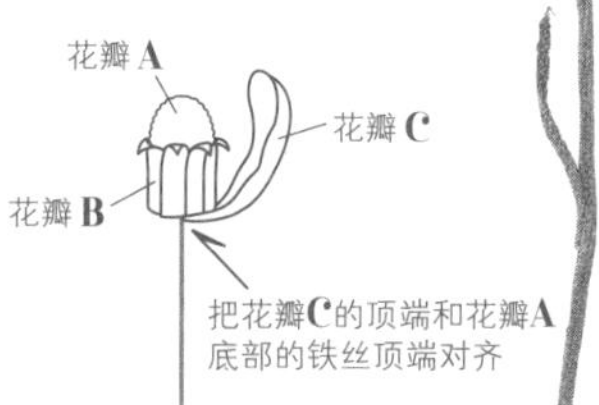

后

3. 粘贴花萼，制作茎。

①8片花萼**A**的背面底部涂上黏合剂，从花瓣的上方粘贴一圈。

花萼**A**
粘贴8片
花瓣**C**（正面）
花萼**A**
花萼**B**
粘贴
黏合剂

②在花萼**B**中心处用细锥子打孔，然后中心部分涂上速干黏合剂，穿到步骤①的铁丝上（参照p.78步骤3-②）。

③在茎（背面）涂上白色黏合剂，缠绕到步骤②铁丝上，用镊子制作出纹理，用砂纸打磨。

4. 组合完工。

胸饰别针
①粘贴安装T形针固定用布，制作出纹理，然后把胸饰别针也一起缠绕上（参照p.46步骤**65~67**）。

叶子
②扭转叶子，在其根部涂上速干黏合剂，粘贴到茎的后面（茎的扭转方法参照p.75“英国薰衣草”）。

5cm
2cm
③在茎的几处用钛白色进行晕染（参照p.46步骤**69**、**70**）。

茎（前面）
④把茎弄弯，整理其造型。

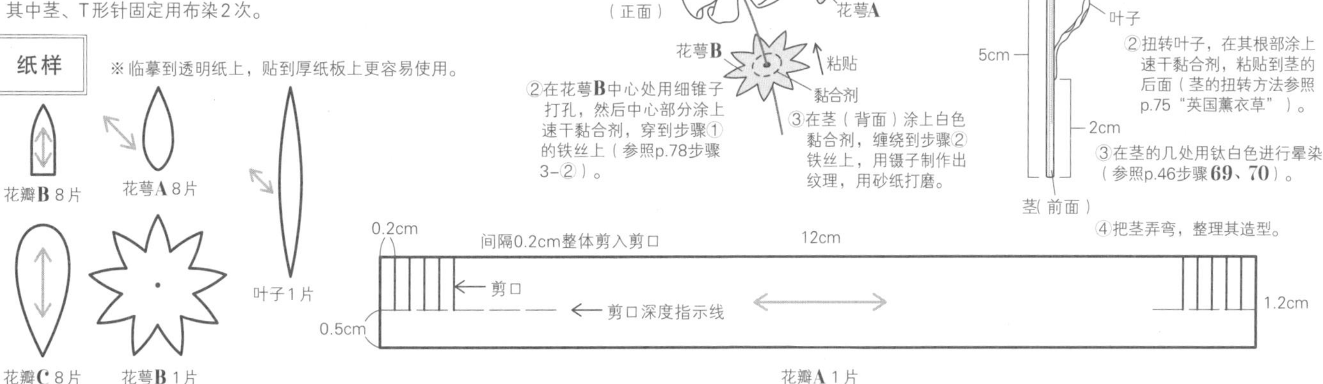

阿月浑子

彩图 >>> *p.29*

Pistachio Leaf

完成尺寸(约)：竖13cm/横(叶部分)6cm

材料

粗棉麻布 …… 22cm×15cm(叶子、茎、T形针固定用布3cm×1cm、8块叶子大衬布4.5cm×2cm、2块叶子小衬布3cm×2cm)

铁丝(白色)=26号15cm×1根、14cm×3根、12cm×2根、11cm×2根、10cm×2根

胸饰别针(银色2.5cm)=1个

丙烯酸颜料(Turner 珠珠白色)

染料

Ⓐ-黄色6：绿色1：棕色1：黑色1

烫花器

一筋镘(小)

准备

- 使用纸样，裁剪各部件(参照p.38)。叶子2片重叠着裁剪。

染色

参照p.39步骤**6~12**进行染色，其他参照p.41步骤**24**进行染色。

- 所有的部件均用染料Ⓐ进行整体染色并晾干。

制作方法

1. 制作叶子。

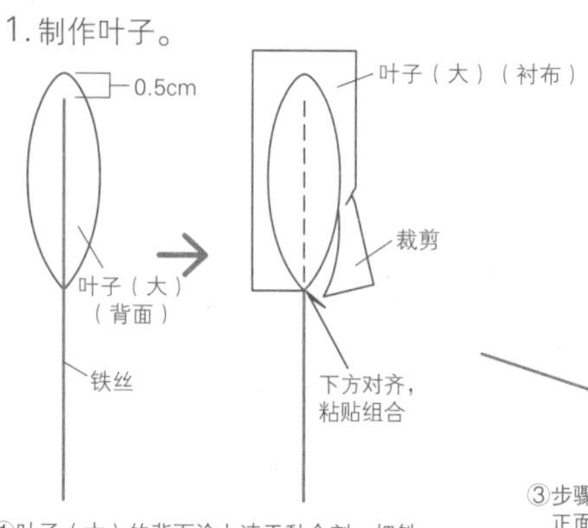

①叶子(大)的背面涂上速干黏合剂，把铁丝夹进去和衬布对齐粘贴，裁掉多余的衬布。叶子(小)也按照同样方法对齐粘贴，使用14cm和10cm的铁丝。

②步骤①中叶子(大)、叶子(小)的断面用砂纸打磨。

③步骤②叶子的中心(铁丝的上面)，正面、背面均用一筋镘(小)进行烫压。

④把丙烯酸颜料和水按照1：1的比例调合，涂到所有叶子的正面、背面以及断面。插到T形针上晾干。

⑤步骤④叶子的正面、背面、铁丝上用砂纸稍微打磨一下。

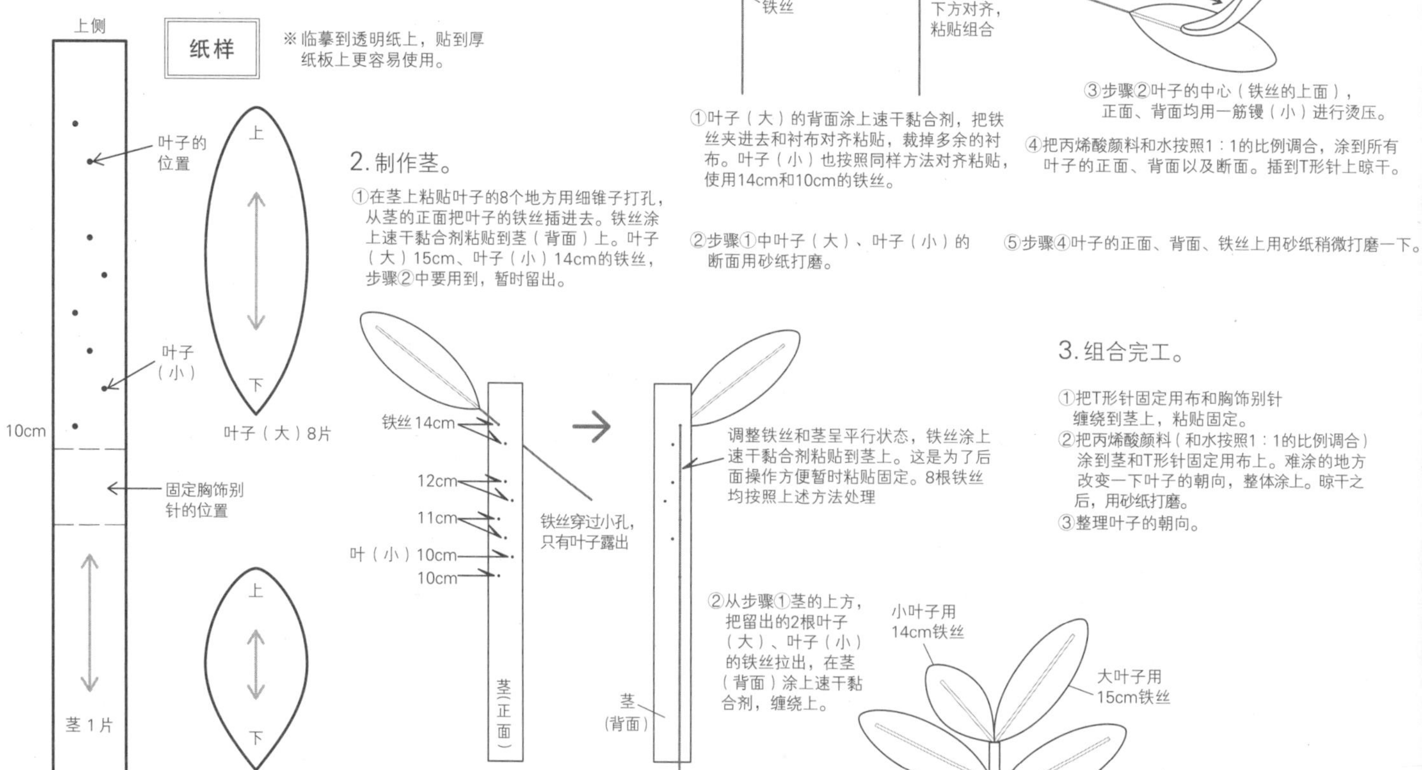

2. 制作茎。

①在茎上粘贴叶子的8个地方用细锥子打孔，从茎的正面把叶子的铁丝插进去。铁丝涂上速干黏合剂粘贴到茎(背面)上。叶子(大)15cm、叶子(小)14cm的铁丝，步骤②中要用到，暂时留出。

②从步骤①茎的上方，把留出的2根叶子(大)、叶子(小)的铁丝拉出，在茎(背面)涂上速干黏合剂，缠绕上。

3. 组合完工。

①把T形针固定用布和胸饰别针缠绕到茎上，粘贴固定。

②把丙烯酸颜料(和水按照1：1的比例调合)涂到茎和T形针固定用布上。难涂的地方改变一下叶子的朝向，整体涂上。晾干之后，用砂纸打磨。

③整理叶子的朝向。

菜粉蝶

彩图 >>> *p.32*

Cabbage Butterfly

完成尺寸(约):竖3cm/横(花部分)4.5cm

材料

粗棉麻布 …… 10cm × 5cm(菜粉蝶、衬布5cm × 3.5cm、T形针固定用布)

线状粗式花蕊(黑色)= 1/2 根 × 2

胸饰别针(金古美1.7cm)= 1个

染料

Ⓐ-黄色1 : 水50

Ⓑ-黑色1

烫花器

新卷边镘

准备

・使用纸样，裁剪各部件(参照p.38)。

染色

参照p.39步骤**6~12**进行染色。

・用染料Ⓐ进行整体染色并晾干。

纸样

※临摹到透明纸上，贴到厚纸板上更容易使用。

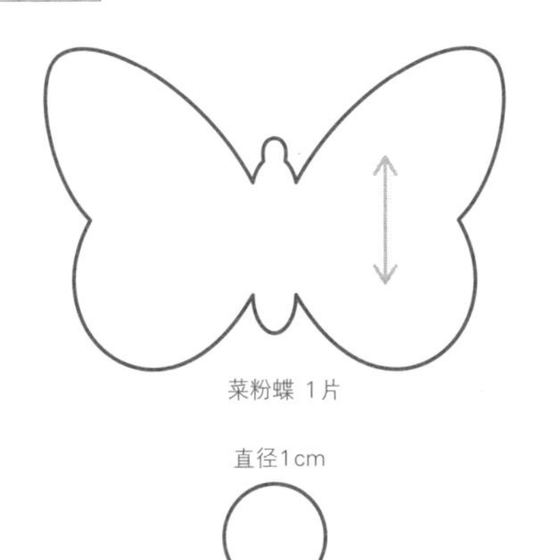

制作方法

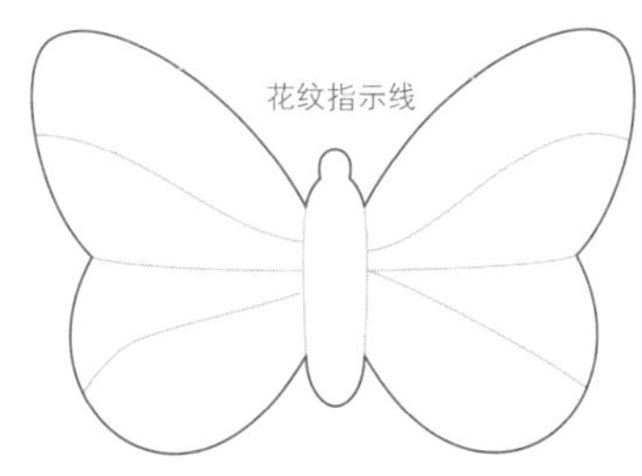

①在菜粉蝶的正面用自动铅笔画出花纹指示线。如果画完所有的花纹线，再用笔在花纹线上描画时比较难，所以只需画花纹指示线。

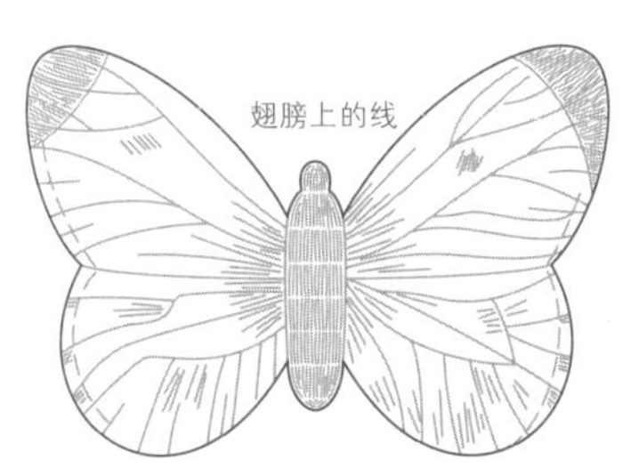

②翅膀处用染料Ⓑ使用细笔随手画。花纹指示线画不好的情况下，翅膀上的线可使用油粉笔复写。注意，应画出很细的若隐若现的线。有时，手太用力的情况下，线会变粗，只要不是所有的线都粗就可以。

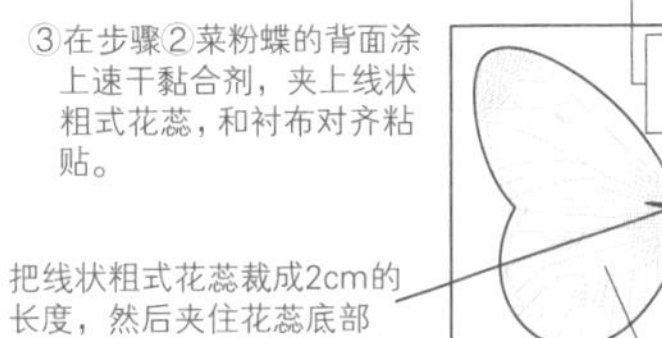
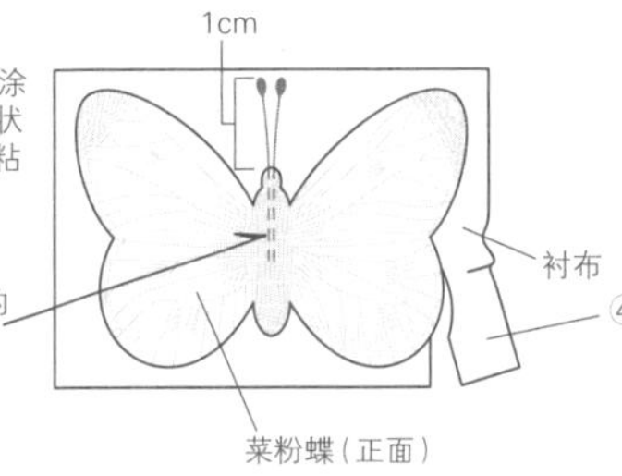

③在步骤②菜粉蝶的背面涂上速干黏合剂，夹上线状粗式花蕊，和衬布对齐粘贴。

把线状粗式花蕊裁成2cm的长度，然后夹住花蕊底部1cm，进行粘贴固定。

④裁掉多余的布，注意不要剪到线状粗式花蕊了。

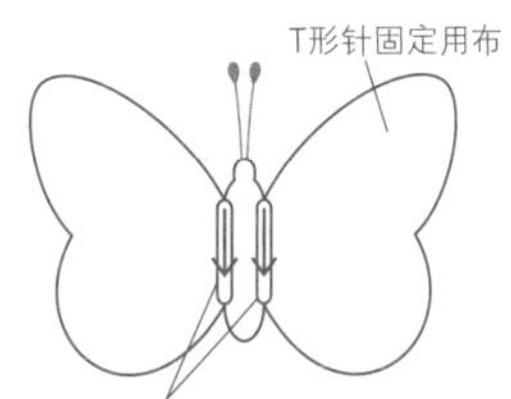

⑤用新卷边镘从正面进行烫压，使其呈现立体感觉。

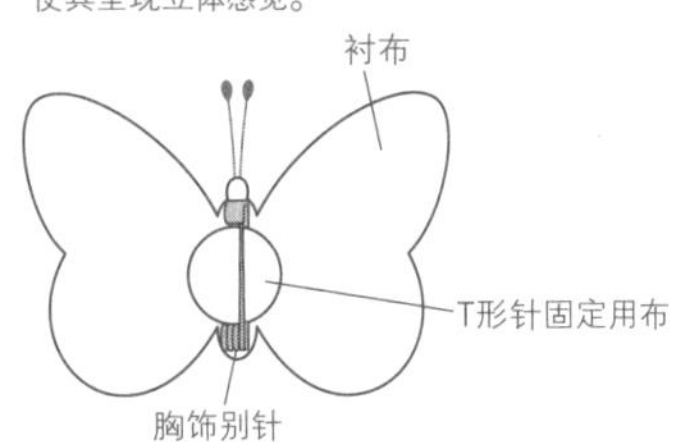

⑥在背面涂上速干黏合剂，把T形针固定用布和胸饰别针粘贴固定。

前

后

蒲公英

Dandelion Fluff

彩图 >>> *p.16*

完成尺寸（约）：竖12.5cm/横（花部分）3cm

材料

粗棉麻布 …… 20cm×8cm（叶子，花萼**A**、**B**，花底座）
普通麻布 …… 12cm×1cm（茎10cm×0.7cm、T形针固定用布1.5cm×1cm）
铁丝（白色）= 24号12cm×2根
胸饰别针（金古美1.7cm）= 1个
minke pompon 毛冷球（白色）= 直径3cm 1个
丙烯酸颜料（Turner 黑金色）

染料

Ⓐ-黄色6：绿色1：棕色1：黑色1
不使用烫花器
使用吹风机

准备

- 使用纸样，裁剪各部件（参照p.38）。

染色

- 参照p.41步骤**24**用染料Ⓐ给所有的部件进行染色。
- 叶子染色之后还未晾干期间用吹风机进行造型（参照p.48）。之后，在叶子的正面、背面用蘸取丙烯酸颜料的毛刷掠过进行部分晕染。

制作方法

1. 把花底座重叠对齐粘贴。在花底座（大）的四周粘贴上花萼**A**。把铁丝和毛冷球的绳子穿过中心的小孔，和另一根铁丝粘贴。

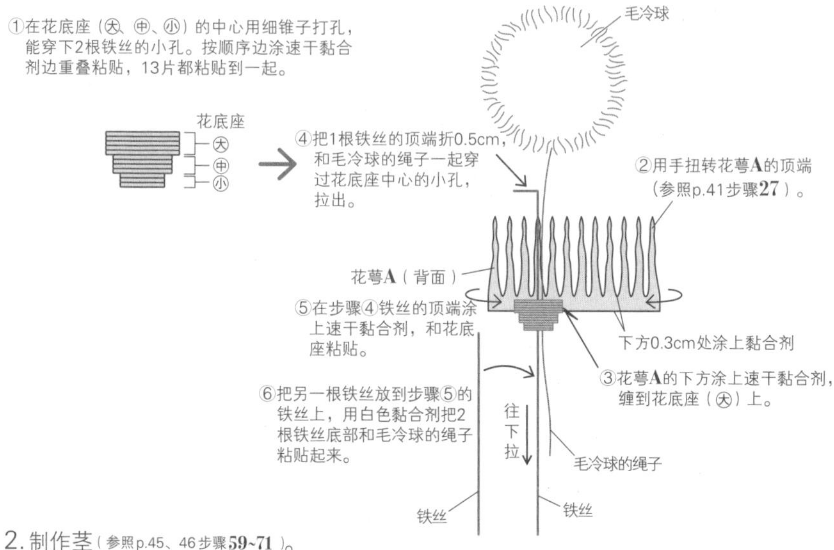

2. 制作茎（参照p.45、46步骤**59~71**）。

①在茎（背面）涂上白色黏合剂，缠到2根铁丝上，用镊子制作出纹理，用砂纸打磨。然后裁掉茎下方多余的铁丝。

②在7片花萼**B**（背面）下方1/2处涂上速干黏合剂，在花底座（中、小）上方均匀地粘贴一圈。

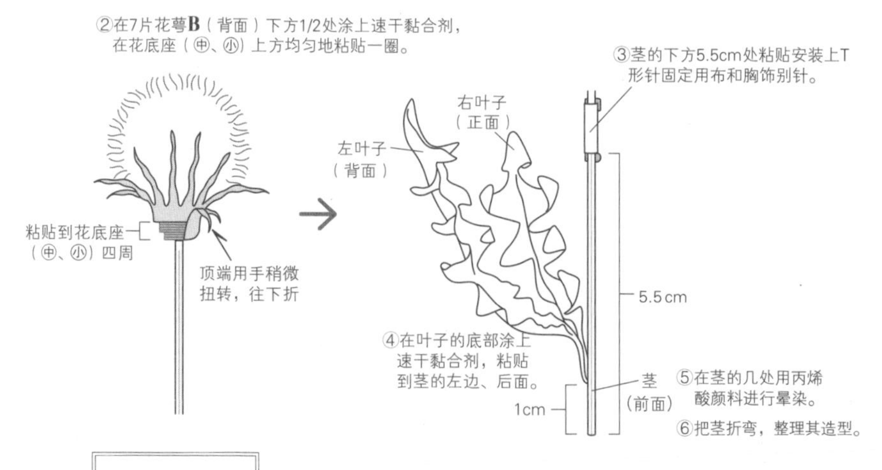

纸样参照p.84

马蹄莲

彩图 >>> *p.28*

Calla Lily

完成尺寸（约）：竖13.5cm/横（叶部分）5cm

材料

粗棉麻布 …… 22cm × 15cm（花瓣、T形针固定用布2.5cm × 1cm）
铁丝（白色）=24号10cm × 6根
胸饰别针（金古美2.5cm）=1个
玻璃珠0.5mm= 适量

后

染料

Ⓐ-黄色7：棕色1：黑色1：水60
Ⓑ-黄色6：橄榄绿色1：棕色1：水20
Ⓒ-黄色3：绿色3：棕色1：水10
Ⓓ-黄色4：棕色1：水20
不使用烫花器

准备

- 使用纸样，裁剪各部件（参照p.38）。
- 花瓣**B**（背面）用自动铅笔轻轻画出剪口深度指示线，间隔0.2cm整体剪入剪口。
- 花瓣**B**的顶端整理成圆圆的形状。

②用剪刀大概剪一下，顶端不要太尖，如图所示0.3cm左右的小山丘的感觉。
③用砂纸打磨整理成圆圆的形状。

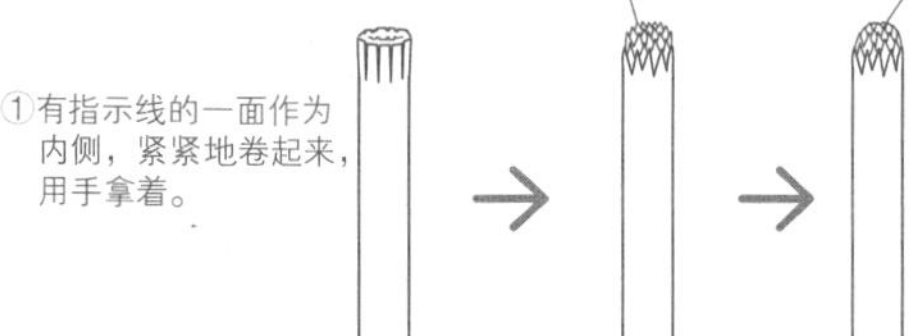

从卷的状态再展开铺平进行染色。染色后用砂纸打磨，但是容易变白，不能修改，所以这时一定注意整理好形状

- 花瓣**A**（褶边停止处以上的部分）用砂纸打磨（顶端比较尖的地方不打磨）。

染色

参照p.39~41步骤**6~24**进行染色。

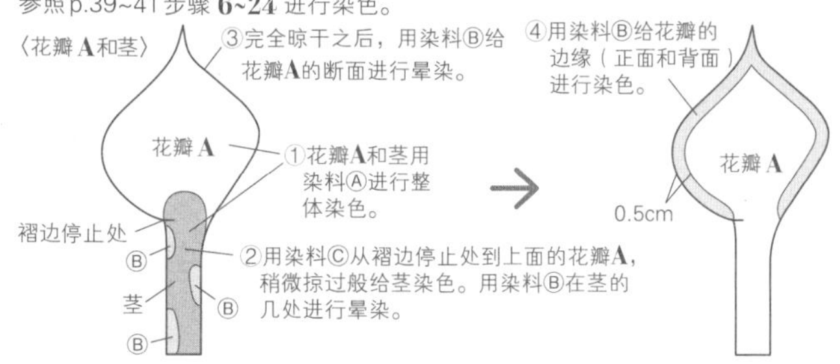

- T形针固定用布用染料Ⓒ染色。
- 花瓣**B**在准备步骤中从卷的状态再展开铺平，用染料Ⓓ进行整体染色。

制作方法

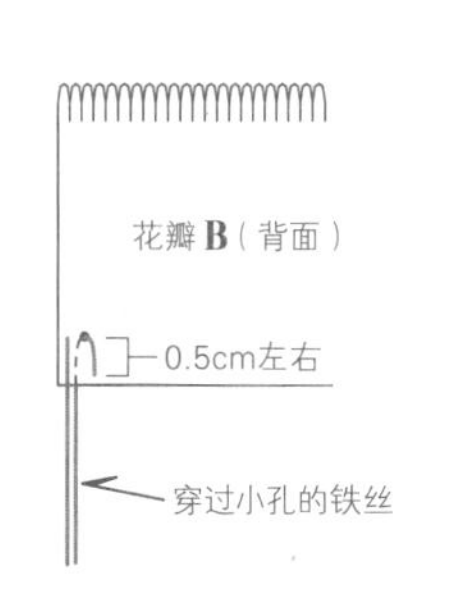

①花瓣**B**的下端用细锥子打孔，把1根顶端折0.5cm的铁丝挂到小孔上，用扁嘴钳子夹着固定。再放上1根铁丝，在花瓣**B**（背面）一边涂少量速干黏合剂一边卷起来，和"准备"步骤里的一样卷。速干黏合剂整体涂到剪口停止处下方，重复几次，整体卷起来。

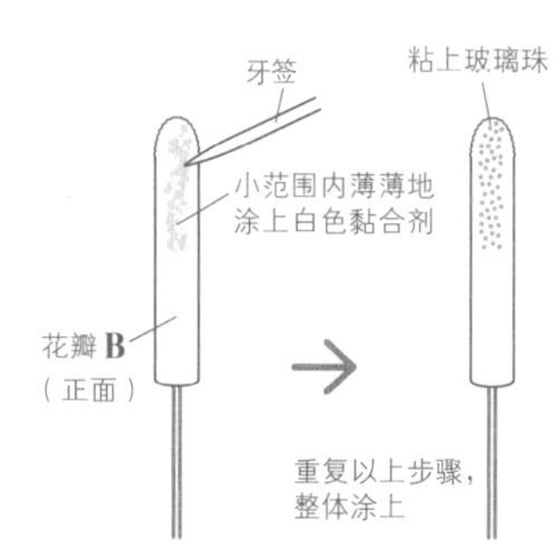

②把步骤①的花瓣**B**粘上适量0.5mm玻璃珠。把白色黏合剂薄薄摊开，放到含有玻璃珠的容器里，轻轻摁压。黏合剂先整体涂一次，刚开始涂的地方会晾干，所以建议分几次涂抹。

③黏合剂完全晾干之后，用手轻轻摸一下，弄掉未粘贴上的玻璃珠，不足的部分再通过黏合剂添加。

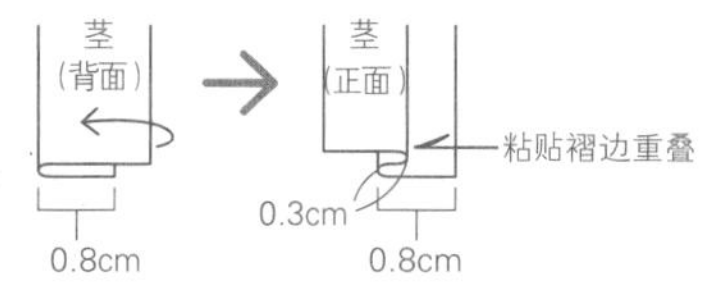

④折出茎的褶边，用速干黏合剂粘贴褶边停止处的折痕的内侧。

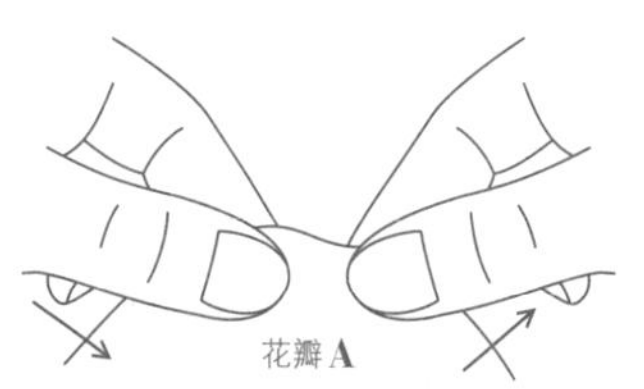

⑤双手如图所示拿住花瓣**A**搓一搓。从中心处往两边，搓右边2处、左边2处。用手指搓着般扭转上方顶端比较细的部分（参照p.41步骤**27**）。

⑥把剩余的4根铁丝放到步骤③花瓣**B**的铁丝上，用白色黏合剂粘贴（参照p.45步骤**59**、**60**）。

⑦在茎的背面（褶边停止处以下）涂上速干黏合剂，把步骤⑥的花瓣卷上粘贴。卷结束后，裁掉茎下方多余的铁丝。

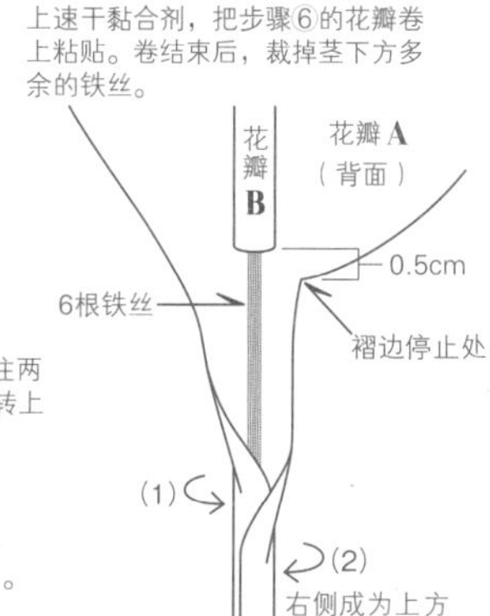

⑧在茎上用砂纸轻轻打磨，从褶边停止处往下1.5cm的位置涂上速干黏合剂，粘贴安装上T形针固定用布和胸饰别针。

纸样参照p.84

纸样(p.82蒲公英)

※临摹到透明纸上，贴到厚纸板上更容易使用。

直径1cm 花底座㊅ 5片

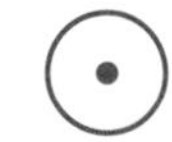

直径0.6cm 花底座㊀ 3片

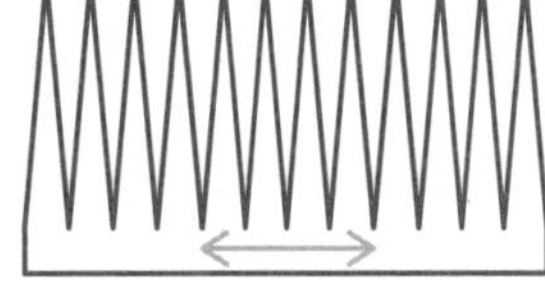

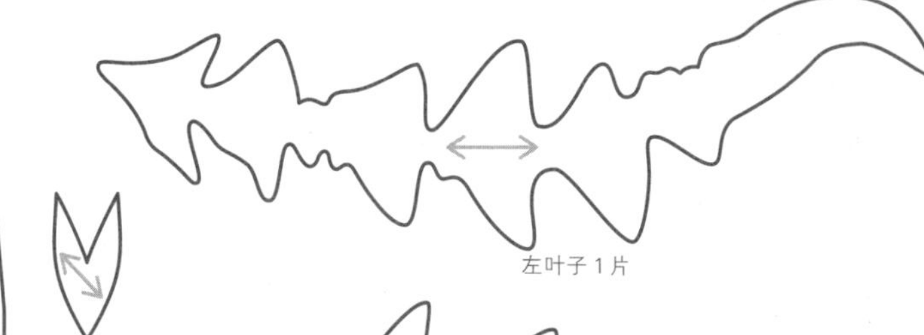

纸样(p.83马蹄莲)

※临摹到透明纸上，贴到厚纸板上更容易使用。

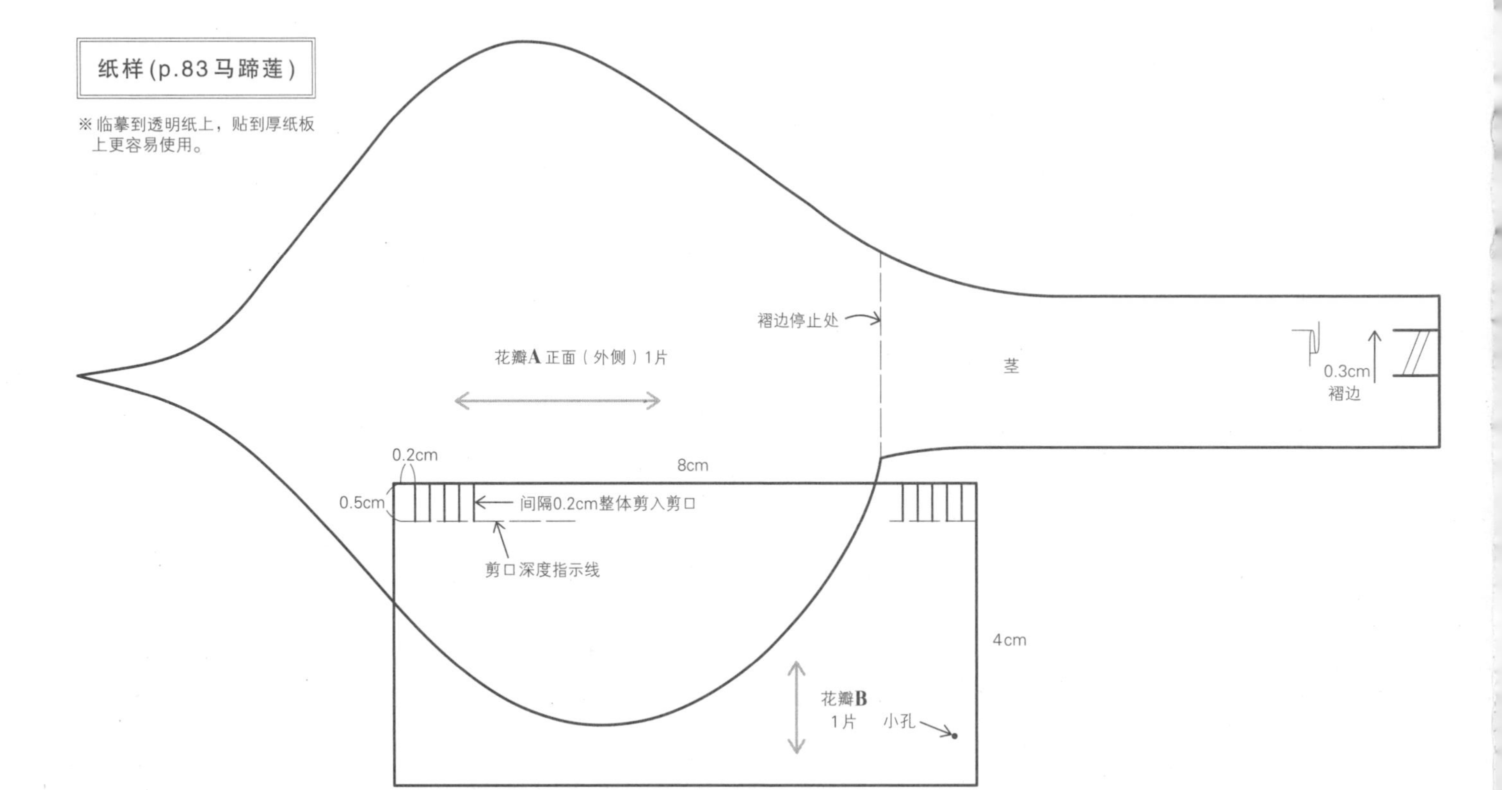